どうして
こうなった？

セキュリティの笑えないミスとその対策51

ちょっとした
手違いや知識不足が招いた
事故から学ぶITリテラシー

増井 敏克
Toshikatsu Masui

CASE 01

重要度 >> ★★★☆☆

アンケートの回答が他の人に知られてしまった

Googleフォームの設定

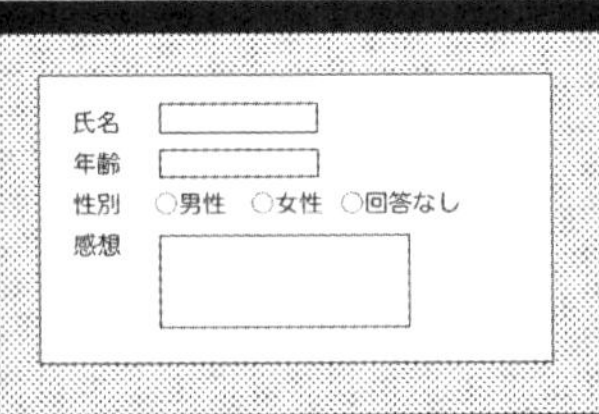
氏名
年齢
性別 ○男性 ○女性 ○回答なし
感想

設定

プレゼンテーション

・・・

結果の概要を表示する

・・・

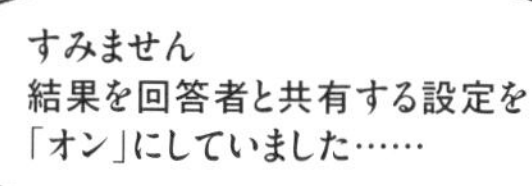

情報漏えいのお詫び

先日は当社のセミナーにご参加いただき、
ありがとうございました。
その後、アンケートに回答いただいたのですが
その回答が他の方にも表示されてしまいました。
大変申し訳ございません。

……

はじめに

冒頭の漫画を読んで、どんな感想を持ったでしょうか？

「設定を間違えたら情報が漏えいするようなサービスは使うな！」

そんな経営者の声が聞こえてくるかもしれません。たしかに、こういったサービスを使わなければ、今回のような情報漏えい事案は発生しません。しかし、こういった考え方では現代のIT環境に対応できないことは明らかです。**メールを誤送信した事案があれば、メールの使用を禁止するのでしょうか？**

リスクへの対応方法を知る

リスクがあるものを避ける対応方法は「リスク回避」と呼ばれます。当然、サービスを使わなければ情報漏えいのリスクは避けられますが、利用者の利便性が下がり、業務の効率が低下してしまいます。

Googleフォームの「結果の概要を表示する」という設定は、社内で実施するアンケートなどで使える便利なものです。打ち合わせの日程調整時には、自分が回答した際に他の人の回答をすぐに表示できます。このように、設定を変更することでさまざまな用途に使えるようになっているのです。

ここで大切なのは、リスクがあることを理解し、ツールを正しく使えるように利用者が学ぶことです。使い方を間違えると情報漏えいのリスクがありますが、正しく使えば便利なツールなのです。

今回の場合は、上記のような便利な設定があることを知り、誤った設定では情報漏えいのリスクがあることを利用者が意識して使うことで、リスクを減らせます。

一般に、リスクへの対応方法として、次の4つが挙げられます。

- リスク回避（リスクの原因を除去する）
- リスク低減（対策を実施してリスクを減らす）
- リスク移転（他社に任せる、保険に加入する）
- リスク保有（許容範囲として対策を実施しない）

どの対応方法を選ぶのかを考えたとき、絶対的な正解はありません。経営者としてはできるだけコストをかけずに実施したいものですが、実務を担当する人は利便性を重視しますし、システム管理者は安全性を重視したいものです。

セキュリティを考えるときは、**組織の規模や業務内容、扱うデータなどに合わせて、この「コスト」「利便性」「安全性」のバランスを意識して、実施する対策を決定します。**

セキュリティは専門家に任せればいい？

そもそもセキュリティという言葉を聞くだけで、なんだか難しそうだと感じる人が多いでしょう。「対策をしなければと思いつつ、何から手をつけてよいのかわからない」「どこまで対策すればよいのかわからない」といった声をよく聞きます。

その他、「ウイルス対策ソフトだけでいいの？　感染したらどうなるの？」「Windows Updateで毎月のように更新しているが、どこが変わったのかわからない」など、対策の効果がわからないという人も多いのではないでしょうか？

多くの人にとって、パソコンやスマートフォンは便利に使うために導入するものであって、悪いことに使われることは想定していません。インターネット上のサービスを利用するときも、そのサービスを提供している会社が安全に情報を管理してくれると信じて使っています。

そんな中、「どこかの会社で情報漏えいが発生した」というニュースが毎日のように報じられています。原因として「サイバー攻撃」や「不正アクセス」が挙げられていると、自分には関係ないと思ってしまう人も多いでしょう。

こういった攻撃から自分の個人情報や仕事で扱っている機密情報を守ろうと思っても、パソコンに詳しい人やシステム管理者でなければ、対策方法がわかりません。利用者の立場では、自分のパソコンが攻撃を受けていることに気づかないかもしれませんし、ウイルス対策ソフトが検出できない未知のウイルスであれば感染していることにも気づけません。

このような状況で、一般の利用者がパソコンやスマートフォンを使って仕事をしたり、普段の生活の中で便利なサービスを使ったりするときに、どのような点に気をつければよいのでしょうか？

一般の利用者でも実施できる「人による」対策を考える

セキュリティを学ぼうとすると、「暗号」の技術や「脆弱性（セキュリティ上の不具合）」の調査方法、「不正アクセス」の手法など難しい言葉が登場します。しかし、多くの利用者にとってこういった専門家しか対応できない方法を学ぶことはあまり重要ではありません。一般の利用者でも実施できる対策を地道に実施することのほうが大切です。

実際に、個人情報の漏えいが発生した件数を調べた調査結果を見ると、「紛失・置き忘れ」、「誤操作」、「管理ミス」といった人為的ミスが多いことが知られています。

また、情報処理推進機構（IPA）が「個人」と「組織」に分けて、その年に影響が大きいと感じられる脅威を「情報セキュリティ 10大脅威」として毎年発表しています。

このランキングの推移を見ると、「個人」の脅威では、毎年のように「フィッシング詐欺」や「偽警告によるインターネット詐欺」がランクインしていますし、「組織」の脅威でも「ビジネスメール詐欺」や「内部不正」といったキーワードが並んでいます。

これらは情報システム担当者や専門家が技術的な対策を実施するよりも、個人が注意すべきことや、セキュリティ教育の実施が求められるものです。これらが原因で事件が発生すると、企業としての管理体制が問われることもあります。

そして、「紛失・置き忘れ」、「誤操作」、「管理ミス」などのような**人為的ミスは、一度に漏えいする件数はそれほど多くなくても、発生の頻度が高いという特徴があります**。ちょっとしたミスを含めると、そもそもの発生件数が多いのです。

もちろん、「ランサムウェア」や「不正アクセス」、「ゼロデイ攻撃」といった高度な攻撃もありますが、こういったサイバー攻撃による情報漏えいを一般の利用者が防ぐことは難しいでしょう。これらは情報システム部門の担当者や専門家に任せるべきです。

本書では、実際に発生した事例を漫画で紹介するとともに、こういった事件の発生を防ぐ（リスク回避）、またはできるだけ減らす（リスク低減）ために、一般の利用者がすぐにでも実施できる対策を解説しています。

セキュリティに興味を持っている方が自分のために読むだけでなく、社員のセキュリティ教育を考えている情報システム担当者の方にも役立てていただけると嬉しいです。

2023年4月　増井敏克

本書の使い方

本書は前から順番に読み進めても構いませんし、漫画をパラパラ読んで気になるところから読んでも構いません。各章末には選択式のクイズを用意していますので、セキュリティ知識が身についたと思ったら挑戦してみてください。

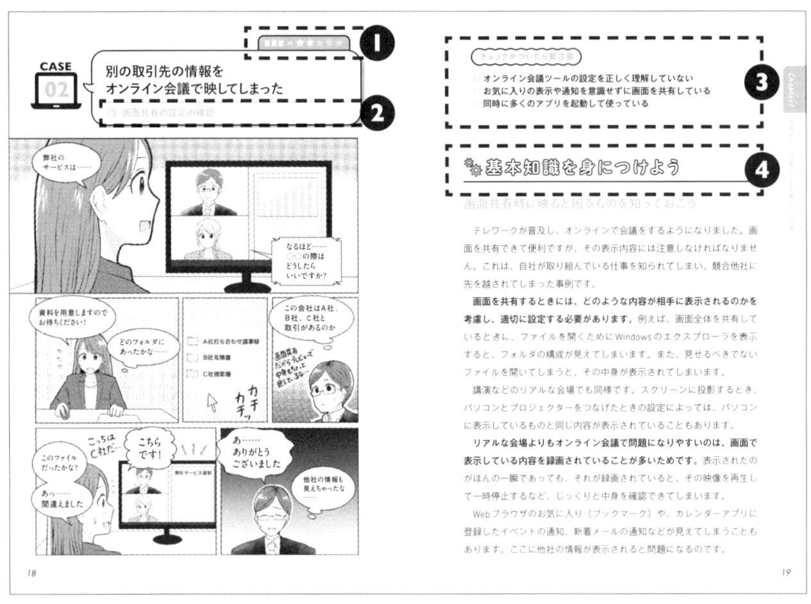

❶ 多くの方に必要な対策ほど★を多くつけています。
最重要の★５の項目から読んでも構いません。

❷ 漫画のような事態に陥らないための対策がひと目でわかります。

❸ チェックがついたら対策できていない項目かもしれません。
自身が多く当てはまる項目から読んでもOKです。

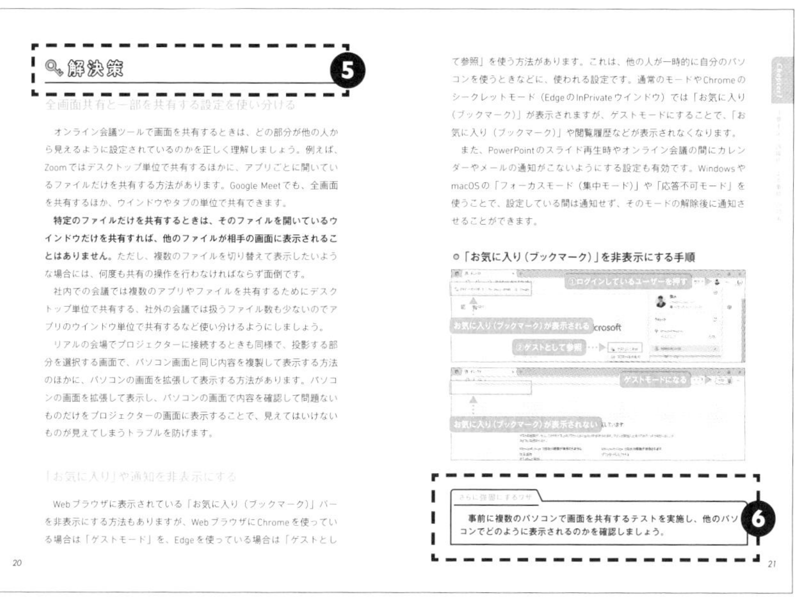

5 解決策

全画面共有と一部を共有する設定を使い分ける

オンライン会議ツールで画面を共有するときは、どの部分が他の人から見えるように設定されているのかを正しく理解しましょう。例えば、Zoomではデスクトップ単位で共有するほかに、アプリごとに開いているファイルだけを共有する方法があります。Google Meetでも、全画面を共有するほか、ウインドウやタブの単位で共有できます。

特定のファイルだけを共有するときは、そのファイルを開いているウインドウだけを共有すれば、他のファイルが相手の画面に表示されることはありません。ただし、複数のファイルを切り替えて表示したいような場合には、何度も共有の操作を行わなければならず面倒です。

社内での会議では複数のアプリやファイルを共有するためにデスクトップ単位で共有する、社外の会議では扱うファイル数も少ないのでアプリのウインドウ単位で共有するなど使い分けるようにしましょう。

リアルの会場でプロジェクターに接続するときも同様で、投影する部分を選択する画面で、パソコン画面と同じ内容を複製して表示する方法のほかに、パソコンの画面を拡張して表示する方法があります。パソコンの画面を拡張して表示し、パソコンの画面で内容を確認して問題ないものだけをプロジェクターの画面に表示することで、見えてはいけないものが見えてしまうトラブルを防げます。

「お気に入り」や通知を非表示にする

Webブラウザに表示されている「お気に入り（ブックマーク）」バーを非表示にする方法もありますが、WebブラウザにChromeを使っている場合は「ゲストモード」を、Edgeを使っている場合は「ゲストとして参照」を使う方法があります。これは、他の人が一時的に自分のパソコンを使うときなどに、使われる設定です。通常のモードやChromeのシークレットモード（EdgeのInPrivateウインドウ）では「お気に入り（ブックマーク）」が表示されますが、ゲストモードにすることで、「お気に入り（ブックマーク）」や閲覧履歴などが表示されなくなります。

また、PowerPointのスライド再生時やオンライン会議の間にカレンダーやメールの通知がこないようにする設定も有効です。WindowsやmacOSの「フォーカスモード（集中モード）」や「応答不可モード」を使うことで、設定している間は通知せず、そのモードの解除後に通知させることができます。

○「お気に入り（ブックマーク）」を非表示にする手順

6 さらに強固にするワザ

事前に複数のパソコンで画面を共有するテストを実施し、他のパソコンでどのように表示されるのかを確認しましょう。

20 21

❹ 漫画で示したようなセキュリティインシデントやセキュリティ事故が起こる理由を把握しましょう。

❺ 本節で取り上げたセキュリティインシデントやセキュリティ事故を防ぐための解決策を知り、備えておきましょう。

❻ セキュリティをさらに強固にするためにできることを解説しています。⑤まで対策できたら取り組んでみましょう。

どうしてこうなった?
セキュリティの笑えないミスとその対策51

Contents

Chapter 2 管理ミスによる事故への対策

Chapter 3 紛失・盗難による事故への対策

Chapter 4 情報の持ち出しによる事故への対策

Chapter 5 日常生活での不安への対策

Chapter 6 IT機器やツールを使いこなせず起きた事故への対策

凡例

※本書の漫画は、セキュリティインシデントやセキュリティ事故の実例をベースにしていますが、解説のために一般化するなど、一部を改変のうえ作成しています。

読者特典データのご案内

本書の読者の皆さんに、著者がオススメする「最新のセキュリティ情報の収集方法」について紹介した原稿と、「セキュリティの基本用語集」をプレゼントいたします。読者特典データは、以下のサイトからダウンロードして入手なさってください。

https://www.shoeisha.co.jp/book/present/9784798180267

*読者特典データをダウンロードする際には、アクセスキーの入力を求められます。アクセスキーは本書のいずれかの章扉のページに記載されています。Webサイトに表示される記載ページを参照してください。
*読者特典データのファイルは圧縮されています。ダウンロードしたファイルをダブルクリックすると、ファイルが解凍され、ご利用いただけるようになります。

• **注意**

*読者特典データのダウンロードには、SHOEISHA iD（翔泳社が運営する無料の会員制度）への会員登録が必要です。詳しくは、Webサイトをご覧ください。
*読者特典データに関する権利は著者および株式会社翔泳社が所有しています。許可なく配布したり、Webサイトに転載することはできません。
*読者特典データの提供は予告なく終了することがあります。あらかじめご了承ください。

• **免責事項**

*読者特典データの記載内容は、2023年4月現在の法令等に基づいています。
*読者特典データに記載されたURL等は予告なく変更される場合があります。
*読者特典データの提供にあたっては正確な記述につとめましたが、著者や出版社などのいずれも、その内容に対してなんらかの保証をするものではなく、内容やサンプルに基づくいかなる運用結果に関してもいっさいの責任を負いません。
*読者特典データに記載されている会社名、製品名はそれぞれ各社の商標および登録商標です。

Chapter

1

注意不足・誤操作による事故への対策

アクセスキー　B（大文字のビー）

重要度 >> ★★☆☆☆

CASE 02

別の取引先の情報をオンライン会議で映してしまった

☞ 画面共有の設定の確認

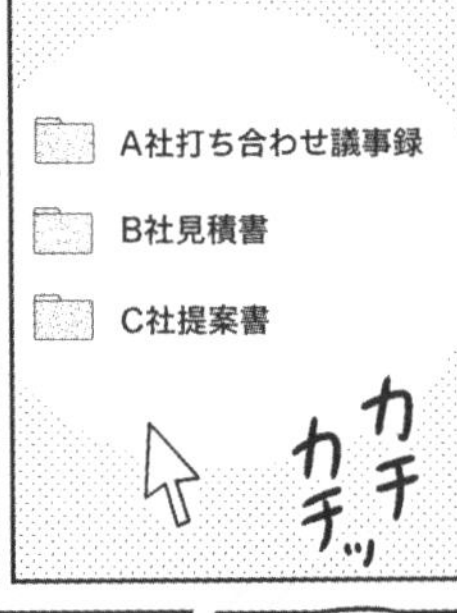

チェックがついたら要注意

- □ オンライン会議ツールの設定を正しく理解していない
- □ お気に入りの表示や通知を意識せずに画面を共有している
- □ 同時に多くのアプリを起動して使っている

基本知識を身につけよう

画面共有時に映ると困るものを知っておこう

テレワークが普及し、オンラインで会議をするようになりました。画面を共有できて便利ですが、その表示内容には注意しなければなりません。これは、自社が取り組んでいる仕事を知られてしまい、競合他社に先を越されてしまった事例です。

画面を共有するときには、どのような内容が相手に表示されるのかを考慮し、適切に設定する必要があります。例えば、画面全体を共有しているときに、ファイルを開くためにWindowsのエクスプローラを表示すると、フォルダの構成が見えてしまいます。また、見せるべきでないファイルを開いてしまうと、その中身が表示されてしまいます。

講演などのリアルな会場でも同様です。スクリーンに投影するとき、パソコンとプロジェクターをつなげたときの設定によっては、パソコンに表示しているものと同じ内容が表示されていることもあります。

リアルな会場よりもオンライン会議で問題になりやすいのは、画面で表示している内容を録画されていることが多いためです。表示されたのがほんの一瞬であっても、それが録画されていると、その映像を再生して一時停止するなど、じっくりと中身を確認できてしまいます。

Webブラウザのお気に入り（ブックマーク）や、カレンダーアプリに登録したイベントの通知、新着メールの通知などが見えてしまうこともあります。ここに他社の情報が表示されると問題になるのです。

解決策

全画面共有と一部を共有する設定を使い分ける

オンライン会議ツールで画面を共有するときは、どの部分が他の人から見えるように設定されているのかを正しく理解しましょう。例えば、Zoomではデスクトップ単位で共有するほかに、アプリごとに開いているファイルだけを共有する方法があります。Google Meetでも、全画面を共有するほか、ウインドウやタブの単位で共有できます。

特定のファイルだけを共有するときは、そのファイルを開いているウインドウだけを共有すれば、他のファイルが相手の画面に表示されることはありません。ただし、複数のファイルを切り替えて表示したいような場合には、何度も共有の操作を行わなければならず面倒です。

社内での会議では複数のアプリやファイルを共有するためにデスクトップ単位で共有する、社外の会議では扱うファイル数も少ないのでアプリのウインドウ単位で共有するなど使い分けるようにしましょう。

リアルの会場でプロジェクターに接続するときも同様で、投影する部分を選択する画面で、パソコン画面と同じ内容を複製して表示する方法のほかに、パソコンの画面を拡張して表示する方法があります。パソコンの画面を拡張して表示し、パソコンの画面で内容を確認して問題ないものだけをプロジェクターの画面に表示することで、見えてはいけないものが見えてしまうトラブルを防げます。

「お気に入り」や通知を非表示にする

Webブラウザに表示されている「お気に入り（ブックマーク）」バーを非表示にする方法もありますが、WebブラウザにChromeを使っている場合は「ゲストモード」を、Edgeを使っている場合は「ゲストとして参照」を使う方法があります。これは、他の人が一時的に自分のパソコンを使うときなどに、使われる設定です。通常のモードやChromeのシークレットモード（EdgeのInPrivateウインドウ）では「お気に入り（ブックマーク）」が表示されますが、ゲストモードにすることで、「お気に入り（ブックマーク）」や閲覧履歴などが表示されなくなります。

また、PowerPointのスライド再生時やオンライン会議の間にカレンダーやメールの通知がこないようにする設定も有効です。WindowsやmacOSの「フォーカスモード（集中モード）」や「応答不可モード」を使うことで、設定している間は通知せず、そのモードの解除後に通知させることができます。

◎「お気に入り（ブックマーク）」を非表示にする手順

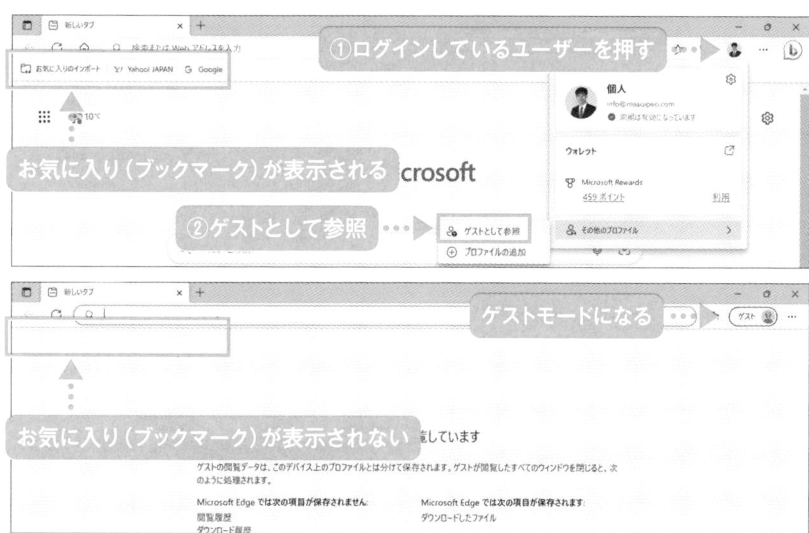

さらに強固にするワザ

事前に複数のパソコンで画面を共有するテストを実施し、他のパソコンでどのように表示されるのかを確認しましょう。

重要度 >> ★☆☆☆☆

CASE 03

間違えた宛先に注文者の情報を送ってしまった

☞ 差し込み印刷の設定の確認

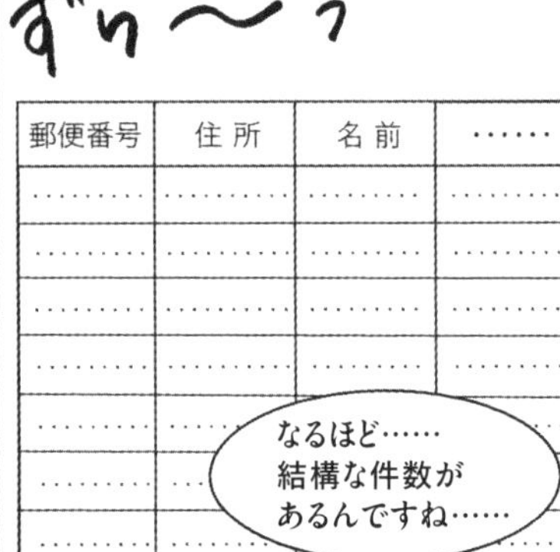

チェックがついたら要注意

- □ 顧客情報をExcelなどでソートしている
- □ Excelなどのソフトウェアの特徴を正しく理解していない
- □ 印刷物の発送時などにおける確認体制が十分でない

基本知識を身につけよう

宛先の並び替えや抽出の操作を間違えていた

大量の案内文書に住所と名前をちぐはぐに記載して印刷してしまい、宛先と文書の内容が一致せず情報が漏えいしてしまった事例です。

多くの宛先に発送する文書を印刷するとき、宛先を1枚ずつ書き換えながら印刷すると効率が悪くなります。Wordなどの文書作成ソフトには、「差し込み印刷」という機能が用意されており、これを使っている人も多いでしょう。

差し込み印刷を使うと、例えば案内文の宛先の部分だけを、Excelなどで管理している住所や名前などの情報に書き換えて印刷するといったことができます。

● 自動的に置き換えられる案内文

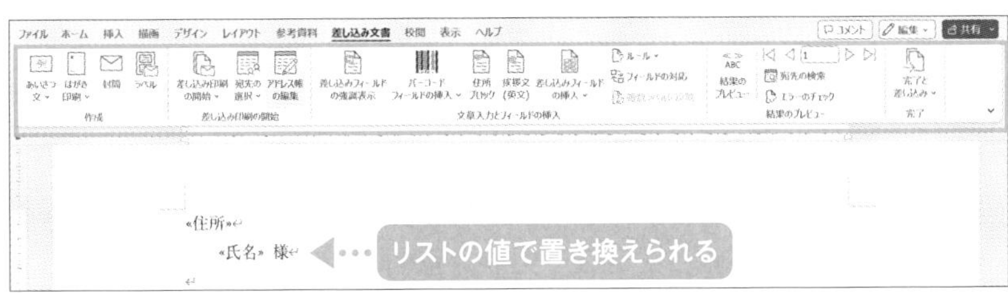

顧客マスターなどに登録されているすべての宛先に対して作成するのであれば大きな問題はないのですが、**宛先を管理しているファイルから、**

何らかの条件で選んだ宛先にのみ送付したいときは要注意です。このとき、顧客情報の一覧から、表計算ソフトのフィルタ機能などを使って絞り込む必要がありますが、慣れていないと、ソート（並べ替え）やフィルタ（抽出）でミスが発生します。例えば、ソートではすべての列を選択してから並べ替えないと、全体を並べ替えられずに、一部の列だけが並べ替えられてしまいます。**これにより、名前と住所がずれてしまう、宛先の内容がずれてしまう、ということが発生します。**

次の図では、A列からC列、E列にデータが入っていますが、D列は空白になっています。ここで、A1セルにカーソルを置いた状態で全選択する（キーボードでCtrl+Aを押す）と、A列からC列までが選択され、E列は選択されません。

○宛先の並べ替えでよくあるミス

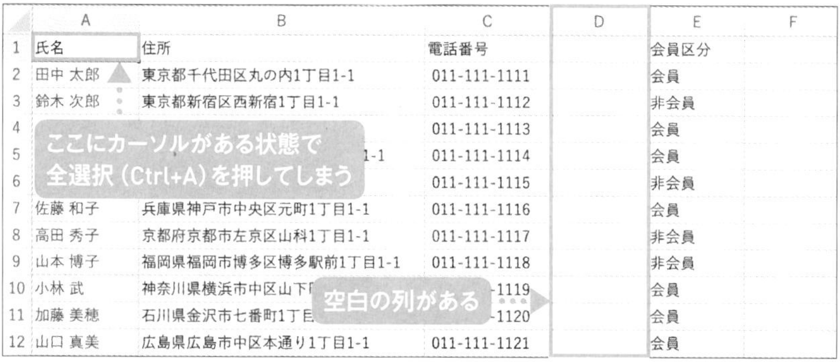

	A	B	C	D	E	F
1	氏名	住所	電話番号		会員区分	
2	田中 太郎	東京都千代田区丸の内1丁目1-1	011-111-1111		会員	
3	鈴木 次郎	東京都新宿区西新宿1丁目1-1	011-111-1112		非会員	
4			011-111-1113		会員	
5		1-1	011-111-1114		会員	
6			011-111-1115		非会員	
7	佐藤 和子	兵庫県神戸市中央区元町1丁目1-1	011-111-1116		会員	
8	高田 秀子	京都府京都市左京区山科1丁目1-1	011-111-1117		非会員	
9	山本 博子	福岡県福岡市博多区博多駅前1丁目1-1	011-111-1118		非会員	
10	小林 武	神奈川県横浜市中区山下	-1119		会員	
11	加藤 美穂	石川県金沢市七番町1丁目	-1120		会員	
12	山口 真美	広島県広島市中区本通り1丁目1-1	011-111-1121		会員	

ここにカーソルがある状態で全選択（Ctrl+A）を押してしまう

空白の列がある

このように途中に空白の列がある場合は、全選択をしたつもりでも一部のデータだけにソートやフィルタをかけている可能性があるのです。この状態で、並べ替えをすると行がずれて氏名と会員区分が合わないなどのデータの不一致が起きます。一部を選択して抽出してコピー&ペーストを繰り返してしまった場合は、必要な宛先が印刷されていない状態で処理が終わってしまいます。

解決策

元データを使って確認する

ソートやフィルタを実行する際には、必ず全体を選択していることを確認しましょう。差し込み印刷をしたときには、Excelで加工したあとのデータを見るのではなく、**元の顧客マスターなどがあるのであれば、それを使って名前や住所、本文などが対応しているかどうかを印刷物で確認します。**

膨大な件数を印刷する場合、宛先などが正しいことをすべてのデータについて確認するのは現実的ではありませんが、先頭と末尾の数件しか確認していない状況をよく聞きます。一部だけを確認する場合には、印刷物の中からランダムに選んで確認するようにしましょう。

また、こういった作業は1人で実施せず、複数人で実施して確認するほうが有効です。本人は正しく処理しているという思い込みがあるため、確認が漏れてしまいがちですが、他の人がダブルチェックすることで、そのようなトラブルを防げる可能性があります。

さらに強固にするワザ

定期的にこのような作業が発生するのであれば、差し込み印刷などではなく、システムによる自動化を検討します。システムを独自に開発するだけでなく、社外に発注する、外部のサービスを使う、といった方法が考えられ、費用はかかりますが、手作業でのミスを最小限に抑えられます。

重要度 >> ★☆☆☆☆

CASE 04

取引先に送った文書に他社の情報が入っていた

☞ データの非表示と属性に注意

次はC社に提案に行くぞ!
先日のA社への提案書をもとに資料作成しておきます
コピーして作成っと
A社提案書
A社提案書のコピー
宛先を変えてファイル名を変えて……
C株式会社
○○ 様
提案書
費用内訳
カタカタ
金額は……そのままでいいか

チェックがついたら要注意

- □ 過去の文書をコピーして新しい文書を作成している
- □ 表計算ソフトで非表示などの設定を多用している
- □ ファイルの属性をチェックしていない

基本知識を身につけよう

データの使い回しで書き換え漏れが起きた

取引先から提出された提案書を見たとき、そこに他社の名前や金額などが書かれていると、取引するのが不安になるでしょう。紙の書類では問題なかったのに、電子データで見ると、使い回しであることがわかってしまった事例です。

一般的に、請求書や契約書などを作成するとき、過去に作成した文書の一部を書き換えて作成する方もいるでしょう。人間が作業をしていると、名前や金額、期間などの書き換え漏れが発生します。ほかにも、次のようないくつかの注意点があります。

非表示の設定に注意

Excelなどの表計算ソフトでは、複数枚のシートがあります。このとき、1枚目のシートだけを変更し、2枚目以降のシートを変えるのを忘れた、という状況が発生すると、大量のデータが他社に漏えいしてしまいます。特に、Excelではセルの行や列、シートを「非表示」に設定できます。**こういった資料は、目視では非表示になっていることに気づかず、情報漏えいにつながりやすいものです。**

また、PowerPointなどのスライド作成ソフトでは、スライドの外側にも文章や画像を配置できます。これも印刷や表示画面では気づけません。

属性に注意

本文は変更しても、それ以外の変更が漏れている場合もあります。例えば、**WordやExcelなどのファイルには、作成した人の名前や会社名などの情報がプロパティ（属性）として記録されています**。過去のファイルをコピーして作成すると、この情報が引き継がれてしまいます。インターネットからダウンロードしたファイルや他社が作成した文書をコピーして作成すると、その情報が残ったまま取引先に提出することになってしまうのです。

解決策

◎チェックすべき非表示の箇所

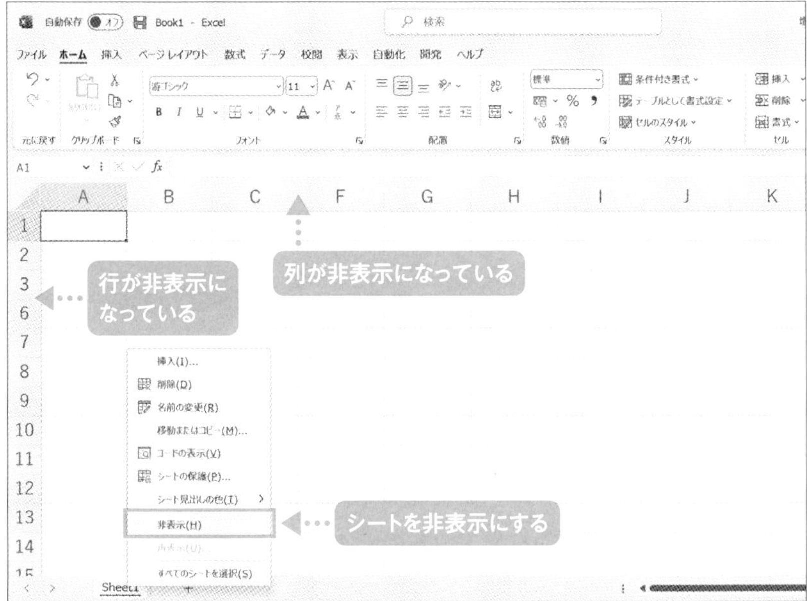

ファイルの中身の非表示については確認するしかありませんが、**属性についてはプロパティ画面から削除できます**。属性を確認するには、エクスプローラからファイルを右クリックして「プロパティ」を選択します。そして、「詳細」タブを開くと、図のように表示されます。

◎プロパティから属性を削除する

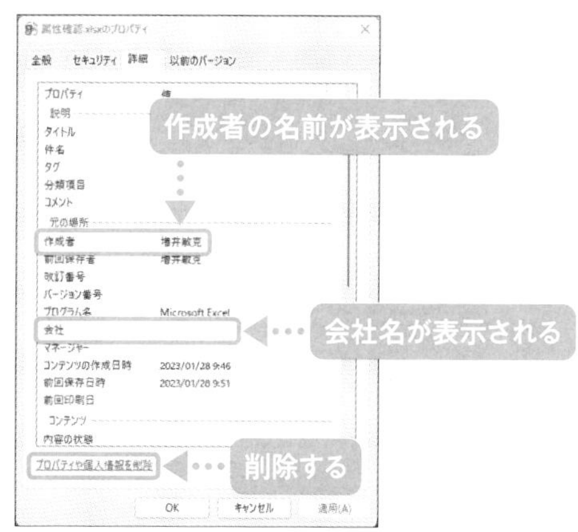

外部に送信する前には、個人情報などが含まれていないか確認し、含まれていれば削除します。

さらに強固にするワザ

過去に作成した資料をコピーして書き換えるのではなく、何度も使うような資料であれば「テンプレート」の機能を使用します。WordやExcelなどのオフィスソフトが備える機能で、よく使う文書で定型文を作成しておくものです。

テンプレートを作成しておくと、「テンプレートから新規作成」というメニューから新たに文書を作成するため、上記で解説した属性の問題は起こりません。特定の企業に関するデータを入れずに、ベースとなる内容でテンプレートを作成しておくと、新規に文書を作成するときに、変更が必要な部分だけを書き換えれば済みます。

重要度 >> ★☆☆☆☆

資料を捨てたらゴミ収集時に情報が漏えいした

☞ 資料の廃棄ルール

チェックがついたら要注意

- □ 重要な資料を廃棄するときシュレッダーを使っていない
- □ 裏紙を使用してメモなどをとっている
- □ 普段から資料を印刷して確認することが多い

基本知識を身につけよう

印刷物に記載される機密情報

従業員が個人情報を含む書類を自宅に持ち帰り、自宅のゴミ収集場に一般ゴミとして廃棄していた、という事例です。他の住人によって発見され、会社に問い合わせがあって発覚したものです。

多くの会社で資料のデジタル化が進んでいますが、パンフレットやカタログなど紙の書類が使われる場面も多くあります。中には、アンケート用紙など個人情報が含まれた書類もありますし、コピー用紙の裏紙をメモとして使っていて、企業の機密情報が書かれている場合もあります。

印刷物は機密情報に注意して扱っていても、手書きのメモになると本人の意識が低くなり、適切に廃棄されないケースがあります。そして、自宅に持ち帰ってしまったり、廃棄してからゴミが収集されるまでの間に盗まれたり、収集業者が処分するまでの間に情報が漏れたりする可能性があるのです。

解決策

廃棄のルールを周知する

まずは紙の資料についての意識を高めることが大切です。個人情報や会社の機密情報を印刷するときに、その扱いに注意するだけでなく、**コピー用紙の裏紙を使用しないように徹底している企業もあります。**

そのうえで、資料を廃棄するときには、紙に書かれている内容を必ず確認し、機密情報が印刷されている場合には、一般のゴミとは区別して処理します。

シュレッダーを使う

機密情報が書かれているなど、中身を他人に見られると困る書類は、細かく切り刻んで廃棄します。 このような機械を「シュレッダー」といい、電動の機械だけでなく手でハンドルを回すものもあります。

◎シュレッダーの種類

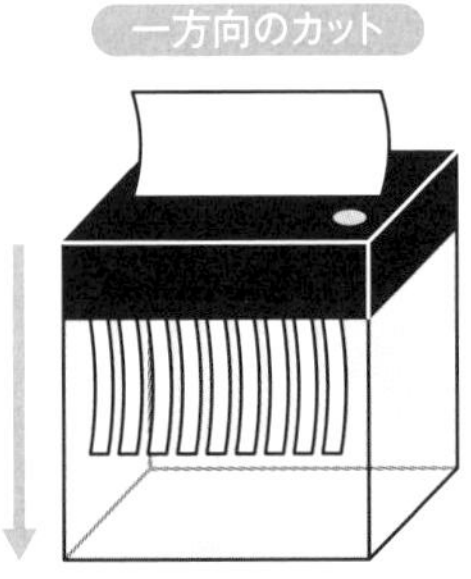

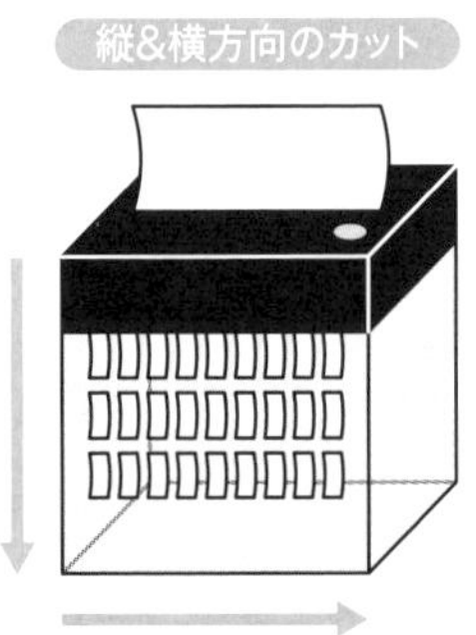

安価な機械では、幅5ミリ程度で一方向のみにカットします。一方向のみのため、文章が書かれている方向と一致すると、その行は読める可能性があり、セキュリティ面ではあまり高いとはいえませんが、一般的な使用では十分だといえます。

もう少しセキュリティを意識する場合は、縦方向と横方向の両方でカットする機械を使います。カットする幅も数ミリ程度の細かいものが多く、文字単位では読めても文章を復元するのは難しくなります。

いずれにしても、ある程度の枚数を処理すると、ゴミ袋を入れ替えなければなりません。手元で処分できるというメリットはありますが、紙の枚数が増えると処理に時間がかかることもありますし、ホチキスやクリップなどで綴じられている場合は、それらを外さなければならない機種もあります。

溶解処理する

シュレッダーのように手元で処理するのではなく、専門の業者に回収を依頼し､溶解処理する方法もあります。切り刻むのではなく､水によって溶かすため､大量の紙があっても時間をかけることなく処理できます。また、ホチキスなどを外す必要がないことも多く、手間がかかりません。

ただし、業者が持つ専用の設備での処理が必要なため、その運搬中にトラブルが発生する可能性がありますし、信頼できない業者であれば情報漏えいのリスクがあります。**契約条件などを確認し、信頼できる業者を使用するようにしましょう。**

さらに強固にするワザ

シュレッダーや溶解処理が必要なのは、機密情報を紙で扱うことによって発生する問題です。そもそも機密情報を紙で扱わないようにすれば、廃棄方法に悩む必要もありません。可能な限り電子データでやりとりし、印刷せずにパソコンなどの画面の中で確認するようにするのも1つの方法です。

最近では、製品の取扱説明書やパンフレットなども電子データとして公式サイトからダウンロードできるものが増えています。このため、そもそも紙の書類を受け取らないことが、こういった事案を減らすことにもつながります。

重要度 ≫ ★★☆☆☆

CASE 06

電話で役職者に社員情報を伝えたら偽者だった

☞ なりすまし電話への折り返し

電話だ……
誰だろう？

着信中
090-××××-××××

ブー ブー

課長の○○です
ちょっと教えて
欲しいんだけど……

外出中で社内システム
見られないんだけど、
Bさんの電話番号
わかる？

はい
大丈夫ですよ

少々お待ち
ください……

えっと
Bさんは……

社内連絡先一覧

090－
××××……
ですね

ありがとう！

チェックがついたら要注意

- □ 外部とのやりとりに代表電話などを使用している
- □ 社員との連絡に電話を使用している
- □ 電話の録音方法を知らない

基本知識を身につけよう

代表電話への電話からの情報漏えい

自社の従業員を装った電話で、会話からさまざまな情報を聞き出され、他の従業員の個人情報や顧客の連絡先などの情報が漏えいしてしまった事例です。

会社の代表電話には、さまざまな取引先や顧客から電話がかかってきます。商品についての問い合わせやクレームのように真摯な対応が求められるものだけでなく、営業電話などもあります。自社の従業員からの勤怠連絡などもあるでしょう。外部からかかってきた電話では、相手が本当にその人物なのかを確認することは難しいものです。

慌てた様子で急ぎの用件だと伝えられると、焦って対応してしまうかもしれませんし、警察や消防、国税庁などの公的機関のほか、有名な会社を名乗った電話がかかってくると、機密情報や社員に関する情報を伝えてしまう可能性があります。**ここで、IDや電話番号などを伝えてしまうと、情報漏えいにつながる可能性があります。**

電話の相手をよく知っていて、その人が特徴的な声であっても、誰かが真似をしているかもしれません。また、本人が病気になった、事故に遭ったなどの理由で代理人を名乗って電話をしてくるケースもあります。

これがオフィスであれば、電話の対象の従業員が社内にいるかを確認したりできますが、**最近ではテレワークが普及したこともあり、社内にいるかを確認することも難しいのです。**

ビッシングにも注意

最近では、「ビッシング」と呼ばれる手口もあります。これは、ボイス（Voice）＋フィッシング（Phishing）を合わせた言葉で、電話を利用したフィッシング詐欺です。自動音声で折り返し電話をするように求めるものや、不在着信を入れておいてかけ直させるものなどがあります。

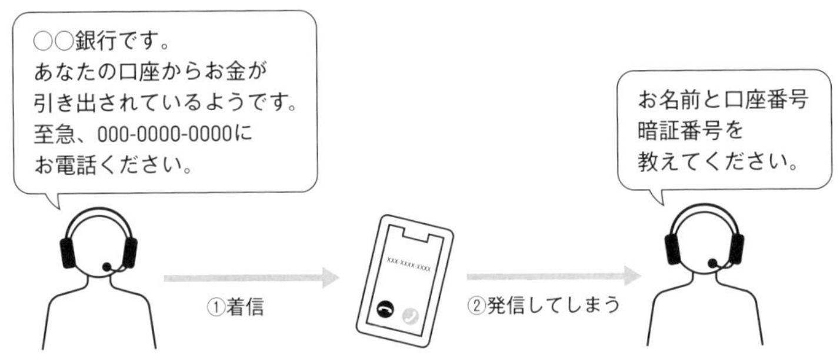

システム担当者を装って電話をかける手口もあります。そして、聞き出した連絡先をもとに他の従業員に連絡したり、聞き出したIDやパスワードで他のシステムにログインしたりされるのです。

日本では「オレオレ詐欺」や「振り込め詐欺」といった特殊詐欺がなかなかなくなりませんが、このような電話を使って金銭や情報を盗み取ろうという方法は対処が難しいものです。

解決策

機密情報はすぐには教えない

自社の社員からかかってきた電話であれば、いったん電話を切って、

名簿などをもとに折り返して電話します。これにより、誰かになりすまして電話をしてきた場合を判断できます。特に、機密情報などを伝えるときには、折り返して電話をかけることは必須だといえます。

ビッシングのような自動音声であれば、その発信元を確認します。金融機関など一般的に知られている名前で電話がかかってきた場合には、指定された電話番号にかけるのではなくその企業の問い合わせ窓口など、公式の窓口に電話をして確認します。

なお、着信があったときに相手の番号に対応する名前が表示される場合は信頼できると感じるかもしれません。しかし、**発信者情報を偽装できる場合があり、「スプーフィング」と呼ばれています。**また、携帯電話などの発信者の番号がその人のものであっても、紛失や盗難によって別の人が話している可能性があります。

このため、個人情報や機密情報を求められたときには、冷静になっていったん電話を切ることが有効です。

機密情報を電話でやりとりすることは避け、他の通信手段を用意するようにします。例えば、社内でSlackやTeamsなどのチャットツールを使っているのであれば、そのアカウントを使って会話をするなどの方法が考えられます。

さらに強固にするワザ

携帯電話会社によっては、なりすましと思われる電話番号からの着信を自動的に検知し、警告するサービスを提供しています。

また、通話を録音することも有効です。クレームに対してその内容が脅迫めいたものであれば証拠になりますし、一般的な電話でも聞き逃しを防ぐ効果が期待できます。

顧客層にもよりますが、そもそも外部から受け付ける電話をなくし、問い合わせなどはWebサイトから受け付ける方向に変えるのも1つの対策です。

重要度 >> ★★☆☆☆

電車内での会話から競合他社に情報が漏れた

外出先での会話を禁止

午前中の会議長かったですね～

でも見積が通ってよかったですね

利益率○%か……

あと○万円上乗せできるともっとよかったんですが……

翔泳印刷

翔泳印刷

あの社員バッジは翔泳印刷か

手提げ袋から会社のパンフレットが見えてるけど……

来週はどこだっけ？

××駅にある出版社ですね……

チェックがついたら要注意

- □ **電車で同僚とともに移動する**
- □ **移動中にパソコンなどを開いて作業をしている**
- □ **カフェなどで電話をしている**

基本知識を身につけよう

狭い空間での会話には要注意

電車内での会話が他の会社の担当者に盗み聞きされ、その内容によって入札に負けてしまった事例です。

普段、電車に乗っていると、スーツ姿の会社員が大きな声で話している場面を見かけます。日常会話であれば問題ないのですが、中には直前の打ち合わせの結果や、案件についての話をしていることもあります。

また、エレベーターに乗っていると、その建物にあるオフィスから出てきたと思われる人の会話が聞こえることもあります。狭い場所なので、聞く気がなくてもその会話が耳に入ってしまうのです。

オフィスの中で会話をしているのであれば問題ないのですが、オフィスから出ると、周囲には異なる会社に所属している人がたくさんいます。その中には競合他社もいれば取引先もいます。そんな中で**大きな声で会話をしてしまうと、重要な情報が周りに筒抜けになってしまう**のです。

外出先でのパソコンの使用で盗まれる情報

会話だけでなく、ノートパソコンなどの画面でも似たようなことが起こります。カフェで仕事をしていてパソコンを開いたまま離席したり、電車の中でパソコンを広げていたりしている人を見かけますが、そのときに周囲から覗き込まれている可能性があります。

画面に表示している文字は小さくて、少し離れたところからでは読めないと思ってしまいがちですが、最近ではスマートフォンのカメラ機能などもあります。撮影した写真や動画は拡大できるため、どのような内容が画面に表示されているのか簡単に確認できます。

パソコンなどを使わずに情報を盗む手段

会話やパソコン以外にも、ゴミ収集事業者を装った人がオフィス内に入り、ゴミ箱に捨てた付箋などに書かれたIDやパスワードを持ち出す「トラッシング」や、パソコンを操作している後ろから肩越しにのぞき込む「ショルダーハッキング」などの方法があります。また、ポストに入っている郵便物をそのまま持ち去る「メールハント」といった方法もあります。

解決策

会社全体のセキュリティ意識を高める

上記のような手口は「ソーシャルエンジニアリング」と呼ばれ、情報通信技術を使用せずにさまざまな情報を盗み出す方法を指します。コンピュータを使ってネットワークの通信を盗み見たりする必要がないため、通信を暗号化するなどの対策は意味がありません。

人の油断や隙によって発生する被害が多いため、対策として実施できるのは、セキュリティ意識を高めるしかありません。例えば、電車に限らず、エレベーターの中など、他の会社の人が周囲にいる可能性がある環境では機密情報を声に出さないことを徹底します。

カフェなど外出先でパソコンを使用することは基本的に避け、使用する場合には「後ろが壁である」「隣の席との間にパーティションがある」など、周囲からのぞき込まれることがないことを確認します。

社内にゴミ収集事業者などを装った人が入っていると、ゴミの中身に注意するだけでなくショルダーハッキングの可能性があるため、これを阻止することが大切です。社員数が少ない企業であれば、全員の顔と名前が一致していて、こういった状況にはならないかもしれませんが、社員が多くなると大変です。

そこで、**社員証を常に身につけて確認できるようにするだけでなく、知らない人がオフィスにいる場合は声掛けをすることも有効**です。ちょっとした挨拶だけでも、不審者にとっては「見られている」という意識が働くためです。

いずれにしても大切なのは「可能性があることを想定する」という意識です。「周囲に人がいる可能性がある」「後ろから覗き込まれる可能性がある」「社内に不審な人がいる可能性がある」ということを想定すると、普段からの行動が変わってくるでしょう。

さらに強固にするワザ

多くの企業では、年に一度ほど、情報セキュリティ研修を実施しています。このような機会を通じて、新しい手口を学ぶことも大切ですが、「知っているか」だけでなく「実践できているか」を確認し、普段からセキュリティについての意識を高めることが重要なのです。

CASE 08

メールの添付ファイルを開いたら外部にメールの送信履歴が流出した

マクロを実行しない設定

チェックがついたら要注意

- □ 業務でのファイルのやりとりにメールを使っている
- □ メールの添付ファイルはとりあえず開いて確認する
- □ Excelなどのマクロを有効にすることを求められれば有効にする

基本知識を身につけよう

メールに添付されるウイルス

取引先のメールアドレスから送られてきたメールの添付ファイルを開いたところ、Excelのマクロを有効にすることを求められ、有効にしたためにウイルス（マルウェア）に感染した事例です。

取引先とのやりとりでメールを使うと、手軽にファイルを添付して送受信できます。**これは便利な一方で、ファイルを添付できることは、セキュリティ面での問題もあります。**

例えば、コンピュータに何らかの被害を及ぼすように作られたソフトウェアが添付されている場合があります。こういったソフトウェアがコンピュータの中で実行されると、データを破壊したりコンピュータが異常な動作をしたりするだけでなく、他のコンピュータにコピーされて社内に広がったりします。このように広がる状況を感染といい、こういった機能を持つソフトウェアを「コンピュータウイルス」といいます。最近では、悪意のあるソフトウェアという意味で「マルウェア」と呼ばれることもあります。

メールに添付されるマルウェアのファイル形式として、実行ファイル（拡張子*がexeやbatといったプログラムのファイル）や、圧縮ファイル（拡張子がzipやlzhといったファイル）、オフィスファイル（拡張子が

＊拡張子はファイルの種類を識別するために、ファイル名の末尾につけられた文字のこと。画像であれば「png」や「jpeg」などがある

docxやxlsxといったファイル）などがあります。

こういったファイルに備えるため、**多くのコンピュータには「ウイルス対策ソフト」が導入されています**。このウイルス対策ソフトではファイルをチェックし、マルウェアだと判断されると、そのプログラムを実行できないようにしています。

Emotetとは？

このように、ウイルス対策ソフトを導入していると、多くのマルウェアからコンピュータを守ることができますが、悪意のある開発者は次から次へと新しいマルウェアを開発しています。

2022年には、「Emotet（エモテット）」と呼ばれるマルウェアが日本国内でも流行しました。Excelなどのオフィスソフトで使われる「マクロ」という機能を利用したマルウェアで、メールの添付ファイルを開いて、Excelなどでマクロを有効にすると感染します。感染したあとは、メールソフトのアドレス帳に登録されている取引先などにマルウェアを添付したメールを勝手に送信してしまいます。

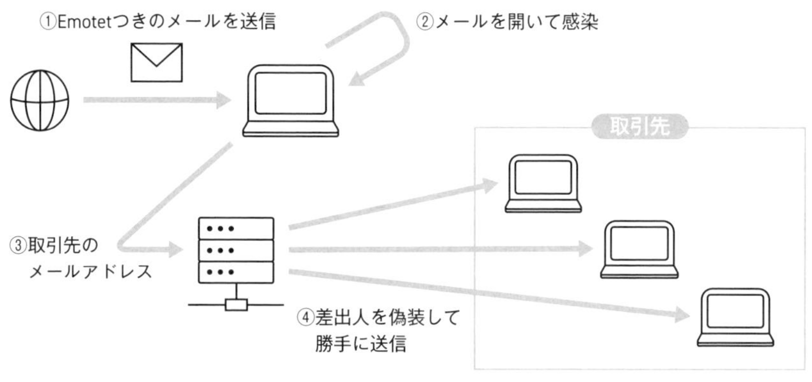

解決策

心当たりのないファイルのマクロを有効にしない

Emotetでは、感染したコンピュータからメールが送信されるため、送信者は正規の取引先であることも多いものです。このため、**普段から取引している相手からのメールであっても、添付ファイルを開く前に確認しないと、感染してしまう可能性がある**のです。心当たりのないファイルが添付されたメールが届いた場合は、開かないようにしましょう。

また、Excelなどのオフィスソフトでは、標準設定でマクロを自動的には実行しないように設定されています。普段の業務でマクロを使わない場合は、マクロを有効にしないような設定のままにしておきます。

業務でマクロを使っている場合でも、特定のファイル以外の場合は、マクロを実行しないように注意します。

さらに強固にするワザ

メールは1980年代に開発されたもので、非常にシンプルな仕組みでできています。当時は利用者数も少なく、性善説に基づいて開発されたものであるため、メールの送信元は簡単に偽装できます。名前として表示される部分だけでなく、メールアドレスも偽装できるのです。

このため、メールを受信したときにその送信元として表示されている名前やメールアドレスは簡単に信用してはいけません。Emotetに限らず、他の人がなりすまして送信していることを想定し、心当たりのないメールに対しては細心の注意をして対応するようにしましょう。

重要度 >> ★★☆☆☆

CASE 09

顧客への一括送信でメールアドレスをCCに入れてしまった

一括送信時の宛先に注意

チェックがついたら要注意

- □ メールマガジンなど、一括でメールを送信している
- □ メールのCC、BCC機能を使っている
- □ 送信時に1人で対応している

基本知識を身につけよう

メールの送信先の使い分け

メールマガジンで顧客に一括送信するときに、送信先のメールアドレスを「BCC」に指定するのではなく「CC」に指定してしまった事例です。

メールを送信するときは、送信先のメールアドレスとタイトル、本文を指定します。このとき、メールソフトでメールの送信先を指定する場所として、「TO」のほかに「CC」と「BCC」があります。いずれにも、複数人のメールアドレスを記入でき、同時にそれぞれのメールアドレスに送信されます。

一般的に、「TO」はメインの送信先のことで、メールソフトによっては「宛先」と書かれています。1対1のときは基本的にこの「TO」を使います。

問題は複数の宛先に送りたい場合です。「TO」に複数人のメールアドレスを並べて記入することもできますが、**メールを送る目的に応じて「TO」だけでなく「CC」や「BCC」を使い分けます**。

「CC」はカーボンコピー（Carbon Copy）の略で、メールを共有する相手を指定します。カーボンコピーは複写を意味し、メインの送信先ではないけれど、情報を共有しておきたいときに使います。「TO」や「CC」に指定された人には、ほかにどのメールアドレスに対して送信されているのかがわかるように、それぞれに指定されているメールアドレスが表示されます。

「BCC」はブラインドカーボンコピー（Blind Carbon Copy）の略で、他の人にメールアドレスを知られないようにメールを共有するために使われます。この「Blind」は「見えない」という意味で、「TO」や「CC」、他の「BCC」に指定されている人に、「BCC」に入れられているメールアドレスは表示されません。

いずれの場所を使用しても同じ内容のメールが届きますが、**他の受信者のメールアドレスを知られても問題ないかどうかによって使い分ける必要がある**のです。

メールマガジンを送信する場合の指定方法

企業などの組織が顧客に対して一括でメールを送信したい場合、メールマガジンを使う方法があります。メールマガジンは組織から一方的に情報を提供するためのもので、受信者からの返信は受け付けないことが一般的です。

受信者はその組織からの情報を受け取るために登録しており、他の受信者とやりとりすることはありません。このため、他の受信者のメールアドレスを知る必要はありません。

一般的に、組織が保有するメールアドレスは個人情報だと考えられ、適切に管理する必要があります。メールマガジンを送信するときも、他の受信者に知られないようにする必要があります。

このため、メールマガジンを手動で送信するときは、受信者のメールアドレスを「BCC」に指定して送信します。このとき、誤って「TO」や「CC」に指定して送信してしまったことにより、今回の事例のような情報漏えいが発生したのです。

解決策

不特定多数には「BCC」か専用のシステムを使って送る

メールマガジンのような利用であれば、「BCC」に指定しておけば問題ありませんが、人間が操作している以上、誤って指定してしまう状況はどうしても発生します。このリスクを減らすため、メールマガジンなどを配信するときは、複数人で宛先の指定を確認するようにします。

その他のメールを送信するときも、社内のやりとりではなく、外部の宛先に送信するときには隣の席に座っている同僚に確認を依頼するなど、常に意識して送信するようにします。

なお、宛先の数が増えるとメールサーバーにかかる負荷が大きくなります。また、一度に大量に送信すると、迷惑メールだと判定されて受信者に届かない可能性もあります。このため、**登録者が数百人のように増えてくると、専用のメール配信システムを使うことが多いものです。**

メール配信システムでは、複数のIPアドレスから分散して送信したり、送信間隔を調整したりすることで、メールサーバーの負荷を下げられるだけでなく、迷惑メールに分類されるリスクを下げることもできます。

また、宛先を個別に指定する必要がないため、宛先の指定を間違えるようなミスのリスクをなくすこともできます。何度も同じ宛先に送信するメールマガジンであれば、このようなシステムを使うようにします。

さらに強固にするワザ

最近では、メールマガジンの開封率が低いことから、他の方法を選択する組織も増えています。例えば、飲食店などでは、LINEの公式アカウントを開設する方法がよく使われています。

LINEの公式アカウントでは、登録したLINEのユーザーに対して一括でメッセージを送信できます。LINEの開封率はメールマガジンより高いといわれており、宛先を個別に管理する必要もありません。

重要度 >> ★

CASE 10 業務メールを第三者のアドレスに送信してしまった

メールアドレスは手入力ではなくコピペ

状況を説明するために使っているファイルを添付して……

宛先　support@gmai.com

件名　操作方法についての質問

本文　○○株式会社

担当者様

いつも大変お世話になっております〜・・・

チェックがついたら要注意

- □ メールアドレスを手作業で入力している
- □ エラーメールがなければ届いたと思っている
- □ メールアドレスを手書きで書くことがある

基本知識を身につけよう

メールアドレスの入力ミスの原因

メールを送信するときに、相手のメールアドレスを間違えて入力したために、異なる宛先に送信してしまった事例です。

他社とメールでやりとりする際、名刺などに書かれた**相手のメールアドレスを手作業で入力すると、誤って入力してしまう可能性があります。**

例えば、I（大文字のアイ）とl（小文字のエル）、1（数字）を間違える、O（大文字のオー）と0（数字）を間違える、といった例をよく聞きます。また、iとj、gとqと9など見た目が似ていて間違いやすい文字がいくつかあります。このような似た文字だけでなく、一部の文字の入力が漏れたりすることもあります。

メールを送信して、存在しないメールアドレスであれば、多くの場合はエラーメールが返ってくるため、その時点で気づける可能性があります。しかし、間違えて入力したメールアドレスが存在すると、その宛先に情報が届いてしまいます。相手が誤送信を教えてくれる場合もありますが、無視されると誤送信に気づかない可能性があるのです。

最近では、「gmai.com」などのドメインに間違えて送信してしまう例があとを絶ちません。これは、「gmail.com」の「l」が抜けたものですが、存在しないアドレスであってもエラーメールが返ってこないものです。

送信が完了してしまったメールを取り消すことはできないため、機密情報などを書いていると情報漏えいとなります。

解決策

提供されたメールアドレスを入力する立場で考える

メールアドレスを1文字ずつ入力するのではなく、コピーして貼り付けられれば入力ミスを防げます。例えば、メールアドレスがWebサイトなどに書かれているのであれば、それを使えます。ただし、Webサイトに公開すると迷惑メールを送信されることが多いため、公開されていないことも多いでしょう。

もし相手からメールを送信してもらえるのであれば、届いたメールの差出人の欄をコピーできます。つまり、相手にメールを送ってもらえばよいので、次に示すようなメールアドレスを提供する方法と組み合わせればよいでしょう。

そして、**何度もやりとりする宛先であれば、メールソフトのアドレス帳（連絡先）機能を使って相手のメールアドレスを登録しておきます**。これにより、メールを送信するときはアドレス帳から宛先を選択するだけなので、誤入力による送信ミスを防ぐことができます。

メールアドレスを提供する立場で考える

自分がメールアドレスなどを提供する立場で、誤送信を防ぐことを考えます。例えば、**名刺にQRコードを印刷する方法があります**。QRコードはURLをパンフレットなどに印刷するときに使われていますが、メールアドレスを入れることもできます。

スマートフォンでQRコードを読み取れば、メールアドレスをアドレス帳に登録することもできますし、そのままメールを送信することもできます。これによって相手にメールを送信すれば、お互いにメールアドレスを1文字ずつ入力する必要はなくなります。

QRコードを使えば、メールアドレスだけでなく、LINEやTwitterなどのアカウントを共有するときにも便利です。

なお、紙のアンケートなどに回答するときに、メールアドレスを記入する場面があります。このような場合も担当者がそのメールアドレスを誤って入力すると自分の名前が他人に送信される可能性があります。このため、どうしても必要な場合を除いては、紙にメールアドレスを書くようなことは避けた方がよいでしょう。

さらに強固にするワザ

Webサイトなどでメールアドレスを入力する画面では、入力欄が2つ用意されていて、両方の値が一致しないと先に進めないものがあります。入力ミスに気づけるメリットはあるものの、利用者としては面倒に感じてアドレスをコピーして貼り付けることで入力している人もいるかもしれません。ただし、コピーしてしまうとチェックが無意味になるため、可能であれば避けたいものです。

そこで、入力する立場では、自分のメールアドレスを日本語入力ソフト（かな漢字変換ソフト）の辞書に登録する方法があります。辞書に読み方として「めーる」と登録し、変換される内容に自分のメールアドレスを指定しておきます。これにより、入力欄で「めーる」と入力して変換すると、メールアドレスに変換されます。

同様に、「じーめーる」と入力したときに「@gmail.com」のようなドメイン部分に変換するようにしておくと、入力ミスを防げる可能性が高まります。

重要度 >> ★

メールを第三者のアドレスに誤送信した

アドレス帳の使用

チェックがついたら要注意

- □ メールの宛先を入力するときに補完機能を使っている
- □ 似たような名前の宛先がアドレス帳に複数登録されている
- □ メールの送信取り消し機能を設定していない

基本知識を身につけよう

メールアドレスの補完機能

メールを送信するときにアドレス帳の機能を使っていたものの、その名前の一部を入力して補完候補から選んだ際に誤った宛先を選んでしまい、誤送信してしまった事例です。

前項ではメールの誤送信を防止するために、アドレス帳を使うことを紹介しました。アドレス帳を使うと、送信したい宛先を一覧から選択するだけなので**メールアドレスの入力ミスなどによる誤送信はなくなりますが、宛先を正しく選択しないと、誤った宛先に送信してしまう**ことになります。

よくあるのが、似たような名前の人がアドレス帳に登録されていて、その名前の一部を入力して検索したときに、誤った宛先を選んでしまうものです。同姓同名の人がいると、名前を見ただけでは、どちらなのか気づかず、急いでいると誤って選択してしまうのです。

多くのメールソフトでは、宛先の入力欄に名前の一部を入力すると、アドレス帳の中からその名前に一致するものが候補として表示されます。このような機能は「オートコンプリート機能（補完機能）」と呼ばれています。

例えば、Gmailでは次の図のように苗字を入力するだけで、アドレス帳に登録されている宛先が表示されます。

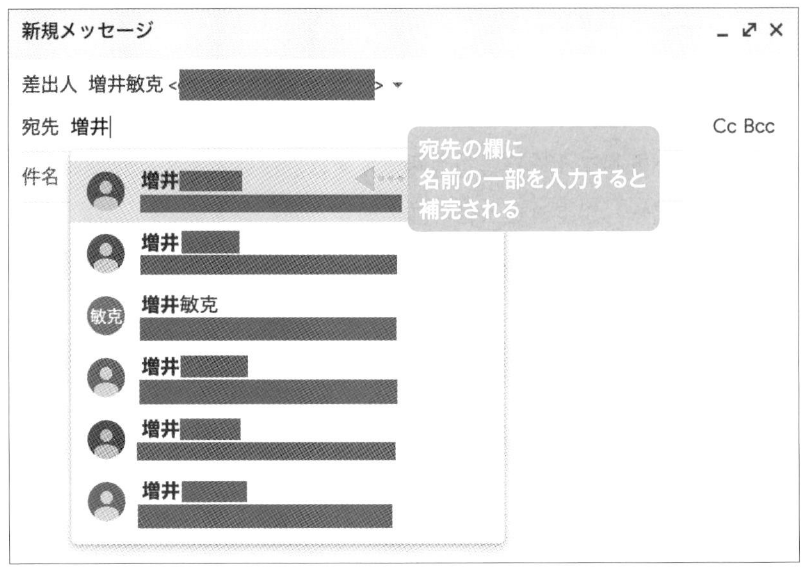

解決策

宛先を条件で絞り込んで選択する

名前の一部を入力してオートコンプリート機能を使うと、アドレス帳に登録されている宛先が一覧になって表示されてしまいます。そこで、メールソフトのオートコンプリート機能を使うのではなく、**アドレス帳から宛先を会社名などで絞り込んで選択して、メールを作成する方法があります**。アドレス帳に名前だけでなく会社名などを登録しておく必要がありますが、その会社名やメールアドレスの一部（会社名のドメインなど）で検索することで、その会社に所属する人の中から選択でき、誤送信のリスクを減らせます。

例えば、Gmailでは連絡先（Googleコンタクト）という機能があり、検索欄で会社名などを入力することで、その条件に一致する連絡先だけを表示できます。また、それぞれの連絡先には「ラベル」を設定できます。1つの連絡先に複数のラベルを設定できるため、会社名を登録するだけでなく、プロジェクト名などをラベルに指定しておくと、そのラベルで絞り込むこともできます。

メールの送信取り消しを使う

一般的に、メールは一度送信してしまうと取り消しはできません。しかし、Gmailなど一部のサービスでは送信を取り消す機能を提供しています。

Gmailでは、送信ボタンを押してから一定の時間は送信せず、取り消せるような設定が可能です。**設定画面の「全般」タブを開いて、「送信取り消し」というメニューで取り消せる時間を「5秒」「10秒」のように設定できる**のです。これにより、送信ボタンを押した瞬間に何か誤りがあることに気づいた場合は取り消すことが可能です。

送信者も受信者もExchangeサーバーを使用している場合には、相手に届いたあとでも「未読ならば、受信トレイから削除する」といった機能があります。この場合は、相手に届いていても、相手が開いていなければ削除できるのです。

さらに強固にするワザ

できるだけ誤送信のリスクを減らす方法として、アドレス帳に登録する「名前」の欄に会社名などを含める方法もあります。

また、Gmailでは連絡先に登録していないアドレスでも、一度メールを送信した宛先は自動的に連絡先を作成し、次回からオートコンプリート機能の対象になる設定があります。設定画面の「全般」タブで、「連絡先を作成してオートコンプリートを利用」というメニューを「手動で連絡先に追加する」に変更しておくと、勝手に登録されなくなりますので、設定を確認しておくとよいでしょう。

重要度 >> ★☆☆☆☆

CASE 12

誤った添付ファイルを送信して会員情報が流出した

添付するファイルのチェックとファイル名の工夫

チェックがついたら要注意

- □ メールにファイルを添付して送信している
- □ ファイル名を普段からあまり気にかけずに保存している
- □ ファイル共有サービスを使っていない

基本知識を身につけよう

添付したファイルの確認漏れ

メールを送信するときに正しい宛先に送信したものの、添付するファイルを間違えてしまった事例です。宛先が正しくても、本来添付すべきファイルと異なるファイルを添付してしまっては、情報漏えいにつながります。

CASE08では、メールの添付ファイルを受信したとき、ウイルスに注意することを紹介しました。それだけでなく、ファイルを添付して送信するときも注意しなければならないのがファイル間違いです。

ファイル添付の 2 つの方法

ファイルを添付するとき、一般的なメールソフトでは次のように大きく2通りの方法があります。

1つ目はメールソフトでファイルを選択する画面を表示してその中から選ぶ方法です。メールソフトの中にはファイルを添付するためのボタンがあり、それを押すと、ファイル選択画面が開いてファイルを探せます。Windowsのエクスプローラのような画面が開くため、フォルダをたどってファイルを探すことができます。

階層的にファイルを探せるため、ファイルを体系的に管理しているとわかりやすいものですが、他のアプリで最後に開いていたフォルダが最初に表示されるとは限らず、毎回のようにフォルダをたどっている人が多いかもしれません。

○ファイル選択画面

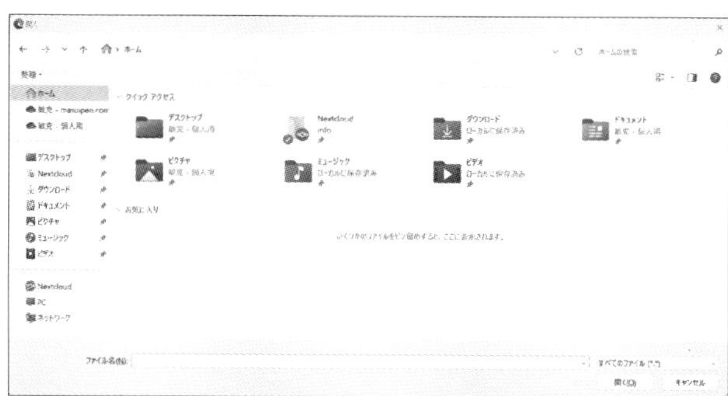

2つ目は他のアプリからファイルをドラッグ&ドロップする方法です。Windowsのエクスプローラなどからファイルを開いて操作していた場合、そこからファイルをメールソフトにドラッグ&ドロップするだけで添付できます。

多くのメールソフトが対応しており、最後に開いていたフォルダからマウスで操作するだけなので、ファイルを間違えにくいというメリットがあります。

○ドラッグ&ドロップ

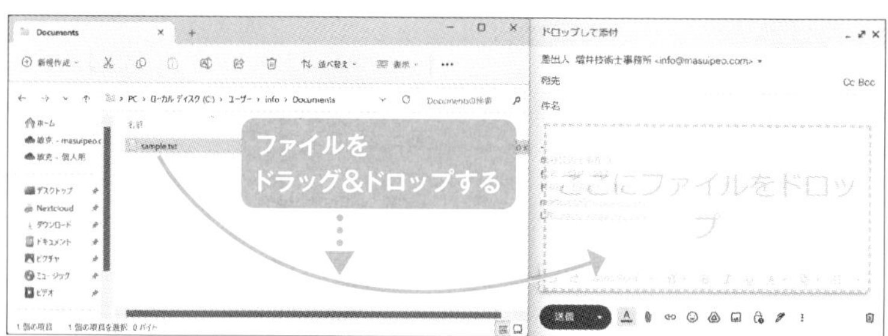

解決策

ファイル名と更新日でチェック

いずれの方法を使っても、ファイルを添付するときは、ファイル名を見てそのファイルの内容を判断していることが多いでしょう。このとき、ファイルに「資料.xlsx」のような名前をつけていると、そのファイルを開かないと中身がわかりません。

こういったミスを防ぐため、「○○株式会社見積書（2023-04-01）.xlsx」のように、**名前や日付を入れて保存しておきましょう**。これにより、メールに添付したときもどのようなファイルなのかがファイル名を見ただけでわかります。パソコンの中でファイル管理するときも、ファイル名で検索したときに見つかりやすくなります。

また、添付するときにファイル名だけを見るのではなく、最終更新日をチェックする方法もあります。多くの場合、ファイルを添付するときに使うファイルは直前に作成したファイルであることが多く、そのファイルの最終更新日時も直前の値になっているはずです。

さらに強固にするワザ

ファイルを添付して送信すると、誤ったファイルを添付してしまったら、取り返しがつきません。このため、ファイルを添付せずに、ファイル共有サービスを使います。最近では、Google DriveやOneDrive、BoxやDropboxなどのファイル共有サービスを契約している企業が多いため、このようなサービスを使用してファイルを格納し、そのファイルへのリンクをメールに記載しましょう（詳細はCASE16）。

この方法であれば、誤ったファイルへのリンクを記載してしまっても、そのファイルをファイル共有サービスから削除すれば、相手はアクセスできなくなります。もし誤ったファイルを指定したことに早い段階で気づけば、相手が開く前に削除でき、誤送信による情報漏えいを防げる可能性があるのです。

CASE 13

他の取引先とのやりとりを含むメールを転送してしまった

☞ 転送時には過去の送信履歴を確認

宛先　○○株式会社
件名　Fw:Re:Re:
本文　○○株式会社
担当者様
いつも大変お世話に
なっております～・・・

これまでの
対応の経緯も
文面でわかるはず!

チェックがついたら要注意

- □ メールを他の人に転送している
- □ 転送するときにメールの本文や添付ファイルを確認していない
- □ メールを転送するとき、その許可を相手から得ていない

基本知識を身につけよう

転送内容に機密事項が含まれていた

何度かやりとりしていたメールを他の人に転送してしまった結果、そのやりとりの中に書かれていたリンクから重要なファイルをダウンロードされてしまった事例です。

メールの転送機能の利便性

メールでこれまでやりとりしていた人以外に、過去の経緯を含めて知らせるときにはメールの転送機能が使えます。第三者に対応をお願いしたいときなど、それまでの経緯をゼロから説明するのは大変ですが、過去のやりとりの内容を含んだメールを転送できるので便利です。

メールに返信する場合は、相手から送られてきた添付ファイルは送信されませんが、**転送する場合は直近の添付ファイルがそのまま送信されます**。このため、ファイルが添付されてきたときは、メールを転送することでそのファイルを簡単に共有することもできるのです。

転送時の注意点

転送は便利ですが、使うときにはいくつかの注意点があります。

例えば、本文の中身を確認しておかないと、**それまでのやりとりの宛**

先に入っていない人が見てはいけない資料や文章が入っている可能性があります。他の人が見ることを想定しておらず、くだけた表現が使われていると、その人の信頼性を疑われる可能性もあるためです。

また、直近の添付ファイル以外は転送時に添付されませんが、ファイル共有サービスなどを使ってファイルを共有していて、そのリンクが書かれていると、転送されたメールを受信した人がそのファイルにアクセスできる可能性があります。つまり、**メールに添付ファイルはなかったとしても、本文に書かれているリンクをたどることでファイルを取得できる**のです。

今回の事例は、このリンク先にあったファイルに個人情報が含まれていたものです。

解決策

転送時には相手に確認する

転送するときには、過去の経緯を正しく伝えるために、メールの本文を書き換えることはオススメしません。勝手に書き換えてしまうと、不都合な部分を改ざんしたとみなされる可能性もあるからです。

転送前に、メールをやりとりしていた相手に転送の可否を確認しましょう。**誰に、どのような目的で転送するのかを伝えることで、相手も転送されてよいかを判断できます。**

すべてのやりとりを残したまま送るのか、必要な部分だけを切り出して送るのか、その許可を得たうえで転送すれば、このような問題になることはないでしょう。

Column 自動転送機能

ここではメールの転送について紹介しましたが、メールサーバーが備える「自動転送機能」について知っておきましょう。

一般的なメールサーバーでは、届いたメールが何らかの条件を満たしたときに、そのメールを自動的に他のメールアドレスに転送する機能を備えています。設定できる条件として、送信者や受信者のメールアドレス、タイトルや本文に含まれる文字、添付ファイルの有無などがあります。もちろん、条件を設定しないこともできます。

例えば特定のメールアドレスから届いたメールを部署の代表メールアドレスに自動的に転送する、または代表宛に届いたメールを担当者に転送するなど、部署として速やかに対応するためによく使われます。

転送先は自由に設定できるため、例えば会社のメールアドレスに届いたメールを個人のスマートフォンに転送する、といった使い方をすると、どこでも会社のメールを見られて便利になる一方で、紛失や盗難などによる情報漏えいのリスクが高まるだけでなく、不正な持ち出しの可能性もあります。

社内での情報共有に使うなら便利な機能ですが、社外に転送することがないように注意しましょう。

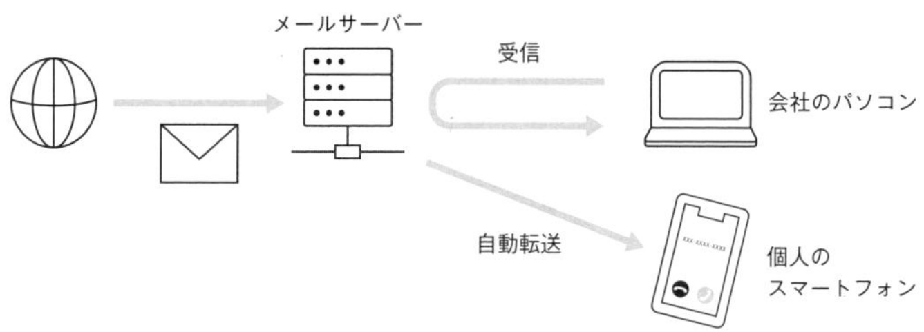

さらに強固にするワザ

事例では、ファイル共有サービスを使ってファイルを共有し、そのファイルへのリンクをメールの中に書いていました。転送したときに他の人がアクセスできたことが問題だといえます。

Google Driveなどのファイル共有サービスでは、リンクを知っている人がアクセスできる設定だけでなく、メールアドレスを指定して共有する設定もできます。この場合、宛先のメールアドレス以外の人はURLを知ってもアクセスできないため、こういった設定をすることも有効です。

Skill Up Quiz ❶

Q1 オンライン会議で、自分のパソコンの画面を共有するときの注意点として正しいものはどれですか？

①画面を共有すると、共有した人のパソコンの画面を相手が操作できる

②画面を共有する前に、共有したくない情報が表示されていないか確認する

③画面を共有するときは、アプリを1つだけしか開いてはいけない

④機密情報を表示したまま共有しても、相手は記録できないため問題ない

Q2 書類をシュレッダーで処理するときの注意点として正しいものはどれですか？

①文書には著作権があるため、それを切り刻むことは著作権法に違反している

②電子帳簿保存法により、会計書類を切り刻むときは申請が必要である

③e-文書法により、人事情報が記載された書類を切り刻むときは申請が必要である

④シュレッダーで処理した書類のゴミ収集方法は自治体によって異なる

Q3 ショルダーハッキングに対する防御策として正しいものはどれですか？

①パスワードを定期的に変更する

②パスワードを紙に書いて保存する

③パスワードを入力するときに背後に人がいないかチェックする

④パスワードを長く複雑なものに設定する

Q4 短時間に多くのメールを送信したときに発生する問題として正しいものはどれですか？

①相手先で迷惑メールに振り分けられる可能性がある

②勝手にマルウェアが添付される可能性がある

③送信先のメールアドレスが書き換えられる可能性がある

④送信元のメールアドレスが書き換えられる可能性がある

Q1 ②　Q2 ④　Q3 ③　Q4 ①

Chapter

2

管理ミスによる事故への対策

アクセスキー　5（数字のご）

重要度 >> ★★★★★

知らない人がパソコンに勝手にログインしていた

長く複雑なパスワードの設定

1年後……

情報漏えいが発覚

1年以上にわたり、不正にログインされていたことがわかりました。パスワードを定期的に変更していたにもかかわらず……

チェックがついたら要注意

- □ 短いパスワードを設定している
- □ 他人が予測できるパスワードを設定している
- □ 定期的に変更していても、その内容に規則性がある

基本知識を身につけよう

単純なパスワードを使用していた

パソコンに単純なパスワードを設定していたために、他人が勝手にログインして使用しており、情報漏えいにつながった事例です。パスワードを定期的に変更していましたが、変更したパスワードに規則性があり、推測されてしまったのです。

パスワードを設定する理由は、パソコンやスマートフォンを他の人が勝手に使用できないようにするためです。このため、本人だけが知っているものを設定しなければなりません。これはメールやSNSなどのサービスを使うときも同じで、IDとペアになっているパスワードを入力させることで、その人が本人であることを確認しています。

なぜパスワードが漏れるのか？

単純なパスワードでも、「本人しか知らない」のであれば問題ないはずです。しかし、数字だけのような簡単なものは他人が推測できる可能性があります。例えば、誕生日や名前の語呂合わせ（くみこ→935、なおや→708など）を使うと、家族や友人は簡単に推測できます。

また、桁数の少ないパスワードを設定すると、総当たりで見つけられる可能性があります。例えば、4桁の数字をパスワードに設定しているのであれば、「0000」「0001」「0002」……と変更しながら試せば、1万

回ですべてをチェックできます。このような方法を「総当たり攻撃」といいます。コンピュータを使えば、短時間で突破されてしまう可能性があります。

総当たり攻撃には、「パスワードを3回間違えればそのIDをロックする」という対策が考えられます。この対策を実施しておけば、上記のようにさまざまなパスワードを試すことはできません。

しかし、このような対策をかいくぐる方法として「リバースブルートフォース攻撃」が知られています。これは「パスワードを固定してIDを変える」攻撃方法です。パスワードとして「0000」のような特定の値を決めて、そのパスワードを設定しているIDを順に探すのです。この攻撃では、1つのIDに対してパスワードを間違えるのは1回だけなので、IDをロックすることができません。つまり、単純なパスワードを設定していると、攻撃者によって突破される可能性があるのです。

辞書に載っているような言葉を使ったパスワードでも同じです。「人気のパスワード」が話題になるように、「password」や「qwerty(キーボードの左上にある横並びの文字)」などを何度も試せばログインできるIDを見つけられるかもしれません。

パスワードは定期変更するとよい?

一度ログインされると、何度でもログインされてしまうため、「パスワードを定期的に変更する」という対策が使われていました。例えば、「1か月に一度変更する」という運用にしている会社もあるでしょう。もしパスワードを知られても、変更後はログインできなくなります。

これは1つの対策ではありますが、問題もあります。定期的な変更を求めると利用者はパスワードを覚えられないため、単純なルールでパスワードを設定してしまうことがあります。4月は「seshop4」、5月は「seshop5」、6月は「seshop6」といったパスワードを使っていると、他人が一度パスワードを手に入れてしまえば、変更後のパスワードを簡単に推測できてしまい、定期的に変更する意味がありません。

また、「定期的」という期間としてどのくらいが妥当なのか判断が難しいものです。1か月に一度でよいのか、3か月に一度でも十分なのか、毎日変更が必要なのか、というと、**設定するパスワードの複雑さによってその期間も変わってくる**ことが考えられます。

解決策

長く複雑なパスワードを設定する

上記はいずれも、単純で短いパスワードを設定していることが原因です。このため、「長く複雑なパスワードを設定する」ことが有効です。

パスワードの文字数が長くなり、**使う文字の種類（大文字、小文字、数字、記号）が増えると、すべてのパターンを試すには膨大な時間がかかります**。特に文字数を増やすと、そのパターン数が大幅に増えるため、すべてのパスワードを試すのに必要な時間は急激に増えます。コンピュータの性能が向上しても、現実的に突破できなくなると、定期的に変更する必要性を考えずに済みます。

このため、パスワードを定期的に変更するという対策は、現在は推奨されておらず、「長く複雑なパスワードを設定する」「不審なログインに気づいたら即座に変更する」という対策が求められています。

さらに強固にするワザ

長く複雑なパスワードを自分で生成するのは難しい人もいますが、最近では「パスワード管理ソフト」によって、自動的にランダムで長いパスワードを生成する方法もあります。

重要度 >> ★★★★★

複雑なパスワードを設定したのに第三者にログインされた

パスワードは使い回さず、2 段階認証を設定

うーん…

とはいったものの、複雑なパスワードは覚えられないよね……

とにかく長くして、記号も使って設定しよう

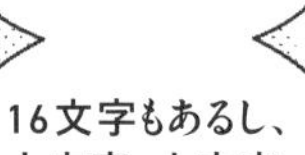

Sh0e1Sha_SeSh0pt

16文字もあるし、大文字・小文字・数字・記号を組み合わせてる!

♪

これなら見破られないからどこでもこれだけを使おう!

統一しておけば忘れる心配もないし……

半年後……

A社にて情報漏えい

A社のサーバーがサイバー攻撃を受け、同社に登録している利用者のIDやパスワードにアクセスされていたことが……

チェックがついたら要注意

- □ 同じパスワードを複数のサービスで使い回している
- □ 他人から見える場所にパスワードを書いている
- □ 2段階認証や2要素認証を設定していない

基本知識を身につけよう

使い回していたパスワードが漏えいした

長く複雑なパスワードを設定していましたが、複数のサービスで同じパスワードを設定していたために、他のサービスから漏れたパスワードで第三者にログインされてしまった事例です。

パスワードはどれだけ長く複雑なものを設定しても、それが他の人に知られてしまっては意味がありません。覚えられないからと、どこかに書いておくと、それを見られた時点で勝手にログインされる可能性があるのです。

手帳に書いておくのであれば、それを紛失しない限り、自分以外の人に見られる心配はほとんどないかもしれません。しかし、**付箋などに書いてディスプレイに貼っていると後ろを通った人に見られる可能性があります**。このため、他人が見える場所に書いておかないことも大切です。

ただし、パスワードを書いておかない場合でも、そのパスワードが漏れてしまう可能性があります。例えば、あるサービスに会員登録していて、そのサービスが攻撃を受けた状況を考えましょう。もしこのサービスでパスワードをそのまま保存していると、その情報が漏れてしまう可能性があります。そのサービスの管理が不適切で、内部からの情報の持ち出しやデータの紛失などが発生したときも同様です。

被害が多く発生しているのは、利用者を狙ったフィッシング詐欺と呼ばれる手口です。あるWebサイトを装った偽のWebサイトを作り、メールなどで利用者をそのWebサイトに誘導してIDやパスワードを入力させる手法です（CASE33で詳しく紹介します）。ここでIDやパスワードを入力してしまうと、第三者にパスワードが知られてしまうのです。

パスワードの使い回し

　パスワードが知られてしまっても、使っているサービスが1つだけであれば、そのサービスが問題になるだけです。しかし、現代では多くの人が複数のサービスを使用しています。

　メールやSNS、オンラインショッピングなど、人によっては数十個から数百個ものサービスに登録している人もいるでしょう。これらのサービスで同じパスワードを使い回していると、1つパスワードが漏れただけで、さまざまなサービスに勝手にログインされてしまうのです。

解決策

パスワードを使い回さず、2段階認証を設定する

　まずはパスワードを知られないことが大切です。パスワードを他人が見える場所に置かないことはもちろんのこと、フィッシング詐欺に遭わないように注意します。しかし、それでもサービスが攻撃を受けて情報が漏れる、管理が不適切で情報が持ち出される、といった事態を利用者の立場で防ぐことはできません。

　そこで、他の対策を実施します。

　パスワードが漏れることを前提にすると、その影響範囲を最小限にしなければなりません。もし漏れたとしてもそのサービスだけにとどめるためには、パスワードの使い回しはNGです。**つまりすべてのサービス**

で違うパスワードを設定する必要があるのです。

ここで、使用しているサービスが1つや2つであれば、複雑なパスワードでも覚えられるかもしれませんが、数十個や数百個となると、覚えるのは現実的ではありません。そこで、パスワード管理ソフトの使用も検討します。

パスワード管理ソフトにもそのソフトに脆弱性があるなどのリスクを伴いますが、パスワードを覚えられずに使い回すリスクを考えたときに、どちらのリスクが高いのかを考えることになります。

パスワードが漏れても、第三者にログインされないようにする方法として、最近は「2段階認証」を導入したサービスが増えています。2段階認証は、IDやパスワードを入力したときに、もう1段階の認証を加える方法です。

例えば、IDやパスワードを入力したときに、利用者の携帯電話にSMSを送信し、利用者がそれを追加で入力する方法がよく使われています。攻撃者がIDやパスワードを手に入れても、利用者の携帯電話は手に入れられないため、SMSで通知される番号は入手できません。この番号はスマートフォンのアプリで認証コードとして生成し、それを入力する方法もあります。

さらに強固にするワザ

2段階認証と似た名前の「2要素認証」を使う方法もあります。これは、IDやパスワードなどの利用者が覚えている情報（記憶情報）、ICカードや携帯電話など利用者が持っているもの（所持情報）、指紋や静脈などの利用者の身体的な特徴（生体情報）という3つの要素のうち2つを組み合わせる方法です。

例えば、Yubicoというメーカーの「YubiKey」などの認証デバイスを使って、これを持っていること（所持情報）と、これにタッチしたときの指紋（生体情報）を組み合わせてログインに使う方法があります。

このように、2段階認証や2要素認証を使うと、IDやパスワードが知られても第三者はログインできなくなります。

重要度 >> ★★★☆☆

CASE 16 機密ファイルを取引先に共有してしまった

ファイル共有サービスの設定の見直し

チェックがついたら要注意

- □ ファイルを共有するとき、パスワードを設定してやりとりしている
- □ ファイル共有サービスで、フォルダの共有範囲を意識していない
- □ ファイル共有サービスで、フォルダ単位で共有している

基本知識を身につけよう

フォルダ全体を共有設定してしまった

他社とファイルを共有するときに、ファイル共有サービスに格納したファイルへのアクセス権限の設定に問題があり、本来見えてはいけないファイルにアクセスできてしまった事例です。

添付ファイルのパスワードを別のメールで送信するのは無意味

他の人とファイルを共有したいときに便利なのがメールにファイルを添付する方法です。多くの場合、大容量のファイルを送信することはできませんが、ちょっとしたファイルを手軽に送受信するには便利です。

ここで問題になるのが、メールの宛先を間違えると、本来送りたかった相手とは別の人に添付ファイルを見られてしまうことです。顧客の個人情報や企業の機密情報が入ったファイルを添付したメールが、第三者に見られると大きな問題になります。

そこで、他社とファイルのやりとりをするとき、「ファイルにパスワードを設定し、メールに添付して送信する」という方法がよく使われていました。このパスワードを別に伝えれば、メールの宛先を間違えても、受信した人はパスワードがわからないため添付ファイルを開けません。

現在も多くの企業で使われている方法ですが、最近ではこの方法について次のような指摘があり、「PPAP*」と呼ばれています。

*「Passwordつきファイルを送る(P)」「Passwordを送る(P)」「暗号化(A)」「Protocol(P)」の頭文字をとった言葉

ファイルを添付したメールとは別のメールでパスワードを送付する運用では、同じ宛先を選ぶだけなので、誤送信を防ぐことはあまり期待できません。また、途中の経路でメールを盗み見られると、添付ファイルとパスワードの両方を見られるため、分けて送る意味がありません。

そもそもファイルさえあれば、相手は適当なパスワードを何度でも試せてしまいますし、日付の数字8桁などの安易なパスワードであれば現在のパソコンでは数秒で解読できます。

最近のウイルス対策ソフトでは、メールの添付ファイルにウイルスが含まれていないかチェックする機能がありますが、添付ファイルにパスワードが設定されているとチェックできません。つまり、パスワードを設定することでセキュリティが低下する一面もあるのです。

ファイル共有サービスの設定ミス

上記のようなパスワードをつけた添付ファイルの問題を避けるため、OneDriveやGoogle Drive、Dropbox、Boxなどのファイル共有サービスがよく使われます。送信したいファイルをファイル共有サービス上に格納し、そのファイルへのリンクをメールで送付するのです。

この方法では、メールの宛先を間違えて送っても、相手がファイルを開く前であればファイル共有サービス上のファイルを消せば問題ありません。また、このようなサービスとの間では通信が暗号化されているため、途中の経路でファイルの内容が盗み見られることはありませんし、多くのサービスではウイルスチェックの機能を備えています。

このように有効な方法ですが、正しく設定しないと他の情報漏えいリスクが発生します。それが冒頭の「共有範囲の設定ミス」です。

例えば、Google Driveでは、共有する相手のメールアドレスを指定して共有できます。この場合、その相手以外はリンクを知っていてもファイルを開くことはできません。しかし、**リンクを知っている人全員に共**

有することもできるため、このような設定にしていると、他の人にそのリンクが知られるとアクセスできてしまいます。

多くのファイル共有サービスでは、ファイル単位に共有範囲を設定できるほか、フォルダ単位でも設定できます。あとからファイルを加えていくときは、**そのフォルダが誰に共有されているのかを意識しておかないと、想定した人以外にファイルが見えてしまう可能性があります。**

解決策

ファイル共有サービスではファイル単位で共有するのが原則

PPAPには、上記のような問題があるため、ファイル共有サービスを使う会社が増えています。ただし、方針としてクラウドのファイル共有サービスを使えない会社もあり、今後もPPAPが使われていくでしょう。

ファイル共有サービスを使っている会社では、上記で紹介したようにメールアドレスを指定して共有するなど、その公開範囲を把握して正しく設定することが求められます。

社外とのデータのやりとりでは、フォルダ単位で共有先を指定するのではなく、ファイル単位で共有設定をするとよいでしょう。**複数のファイルを共有したい場合は、圧縮したファイルを格納し、そのファイルを共有するのです。**

さらに強固にするワザ

PPAPのように、添付ファイルにパスワードが設定されているメールの受信を拒否する設定をしている会社も増えています。

企業が管理している就活生の個人情報がネット上で公開されていた

☞ タスク管理ツールの適切な設定

チェックがついたら要注意

- □ クラウドサービスの設定項目を確認していない
- □ 設定変更時にマニュアルなどを確認していない
- □ 定期的に設定状況を確認していない

基本知識を身につけよう

公開設定の確認を怠っていた

2021年4月、タスク管理ツールの設定ミスにより、多くの学生の情報がインターネット上で閲覧できるようになっていると話題になりました。企業が採用情報を管理するにあたって使用していたクラウドサービスにおいて、設定を間違えて使用していた事例です。標準設定では非公開の設定になっていましたが、インターネット上に公開する設定に利用者が変更してしまったものです。

クラウドサービスは会員登録するだけで使えるものも多く、インターネットに接続する環境があれば簡単に使い始められます。これは便利な反面、さまざまなリスクがあります。**適切にパスワードを管理していたとしても、他人に内容が見えてしまう可能性があるのです。それが、利用時の設定ミスです。**

例えば、文書を共有するサービスを考えてみましょう。社内で情報を共有するために使うサービスであれば、インターネット上に公開する必要はありません。しかし、他の会社ではインターネット上で文書を公開するためにそのサービスを使っているかもしれません。

クラウドのサービスは、さまざまな会社での使用パターンを想定して開発されています。このため、設定を変更するだけで、社内で使用したり、インターネット上に公開したり、といった使い方が可能になっているのです。

ここで、「設定できることを知らない」「公開する設定にしたことを忘れている」「内容を理解せずに設定している」などの状況があると、**社内だけに共有されていると思っていたものが、全世界に公開されている、という状況になってしまいます。**

インターネットに公開する設定になっていると、それをGoogleなどの検索サイトが収集し、検索結果に表示してしまう可能性があります。また、そのスクリーンショットを撮影してSNSで投稿・拡散されたり、まとめサイトや「魚拓サイト」と呼ばれるようなWebサイトの履歴を管理するサイトなどに保存されたりすることも考えられ、一度公開してしまった情報は、削除することが難しいものです。こういった事態を避けるため、公開する前には設定を細かく確認する必要があるのです。

解決策

マニュアルを読み、標準設定も知っておく

利用者の使い方に合わせて、さまざまな設定が用意されているサービスを利用するときは、利用者がマニュアルを確認して、正しく設定しなければなりません。

クラウドサービスの多くは誰でも直感的に使用できるように作られていますが、設定項目が複雑で、使いきれていない人も多いものです。まずはサービスの運営元が公開している**公式のマニュアルを読み、どのような設定項目があって、その設定を変更することによって表示にどのような影響があるのかを確認しましょう。**

海外で作られたサービスが多く、日本語のマニュアルが少ないこともありますが、英語のマニュアルを含めて確認すると、より細かな条件などが書かれていることもあります。

また、サービスを契約するときには、**標準でどのように設定されているのかを確認する**ことも大切です。多くの利用者が標準設定のまま使用することを考えると、初期設定でも安全に使えるのか、そのサービスのセキュリティ面を確認しておきます。

冒頭の事例のように、標準設定では問題なくても利用者が設定を変更することで情報漏えいにつながりそうな場合には、社内向けにマニュアルを用意したり、注意喚起をしたりするなどの対応が求められます。

設定内容を見直す

マニュアルを読むだけでなく、ときどき設定内容を見直すことも有効です。設定画面を開いて、外部に見えてはいけない情報が見えるような設定になっていないか、公開・非公開の設定項目を1つずつ確認するのです。

また、非公開に設定しているページが社外の人からどのように見えるのかを確認します。このとき、CASE02で解説したように、Webブラウザに Chromeを使っている場合は「ゲストモード」を、Edgeを使っている場合は「ゲストとして参照」を使う方法があります。ゲストモードなどを使うとログアウトした状態を再現でき、インターネットからアクセスしたときの表示を確認できます。

さらに強固にするワザ

クラウドで提供されるサービスは便利な一方で、機能が追加されるとその設定方法もどんどん変化します。そして、設定方法が変わったために公開範囲などが変わることもあります。

こういった更新を利用者側のタイミングで制御できないため、これが不安であれば自社でシステムを作る方が確実です。それぞれのメリットとデメリットを判断してサービスを選ぶようにしましょう。

重要度 >> ★☆☆☆☆

CASE 18

セミナーの案内メールに返信がきて、顧客情報が漏れた

☞ メーリングリストの返信先の設定

チェックがついたら要注意

- □ 情報共有にメーリングリストを使用している
- □ メーリングリストの返信先が目的と合っていない
- □ メーリングリストからのメールに対して返信先を確認していない

基本知識を身につけよう

メーリングリストの返信先を「全員」に設定していた

メーリングリストの返信設定に誤りがあり、メーリングリストに投稿した人が本文に書いた内容が他の人に知られてしまった事例です。今回はセミナーの参加申し込みのため、名前が記載される程度でしたが、商品の発送などの場合には住所や電話番号などの情報も記載して送信してしまうかもしれません。

インターネット経由で多くの人に情報を届けるとき、Webサイト（ホームページ）を開設する以外に、メール、CASE09で紹介したLINE公式アカウントなどの手法があります。

メールは相手のメールアドレスがわかっていれば手軽ですが、送信先の数が増えると、1件ずつ送信するのは手間がかかります。そこで、手作業で宛先を入力するのではなく、CASE09で紹介したメールマガジンを使う方法や、メーリングリストを使う方法が考えられます。

メールマガジンは発行者から登録者へ一方向にメールを配信するのに対し、**メーリングリストはメンバー全員が発行者となり、登録している全員に対してメールを配信できます。**

CASE09で解説したような「CC」や「BCC」を使う場合は、メールの宛先としてすべてのメールアドレスを入力する必要がありますが、メーリングリストを使えば、送信する人は代表となるメールアドレスを知っていればよいのです。

◎メーリングリストの利便性

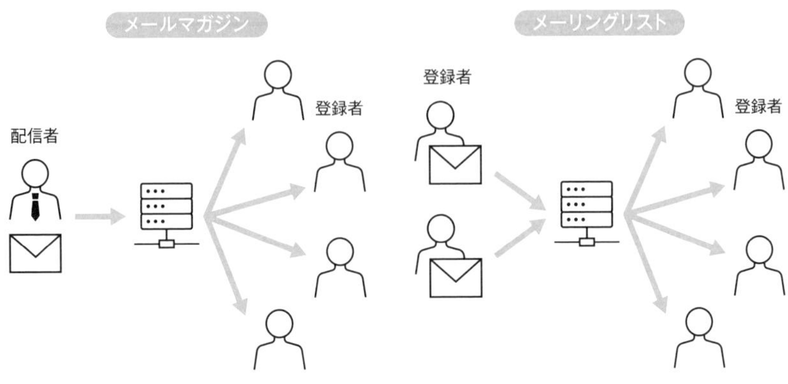

ここで問題になるのは、メーリングリストで届いたメールに返信したときの「返信先のアドレス」で、次の3つのパターンをよく見かけます。今回の事例は、セミナーの参加者募集などに使うメーリングリストで、本来は③の設定にすべきでしたが、②の設定になっていました。

①送信者に返信するパターン

一般的なメールと同じように、送信者に返信するものです。メーリングリストに投稿した最初のメールは全体に通知され、そのメールに返信されたものは元の送信者にだけ届きます。

②メーリングリスト全員に返信するパターン

返信すると、メーリングリストの送信アドレスに返信するものです。つまり、返信したメールも、メーリングリストに登録しているすべての利用者に送信されます。コミュニティなどで情報を共有したい場合に使われます。

③管理者に返信するパターン

返信すると、メーリングリストの管理者のメールアドレスに返信するものです。メールマガジンと同じような使い方をしていることが多く、基本的に返信は受け付けないものです。

解決策

メーリングリストの返信先を設定する

メーリングリストの管理者は、そのメーリングリストを運用する目的に応じて、返信先を正しく設定していることを確認します。

利用者としては、メーリングリストに返信するときは、どこに返信されるのかを確認しましょう。**メールの返信ボタンを押したときに、宛先を確認するだけで、冒頭のように全員に配信されることを防げます。**

なお､社内やコミュニティでの連絡ではメーリングリストを使わずに、LINE公式アカウントやチャットアプリを使うことも増えています。メールの仕組みを使うメーリングリストと比較し、チャットアプリでは迷惑メールが送られることがなく、スマートフォンなどのアプリであればリアルタイムで通知できます。また、未読や既読の管理も可能です。

特定のグループに参加してチャット形式でやりとりするだけでなく、それぞれのメンバーと直接メッセージを送信できるものが多いため、今回のような個人情報のやりとりでは情報の機密性を意識して使えるでしょう。

さらに強固にするワザ

今回のようなセミナーの案内では、メールに返信されると受け取った側にとっても回答の管理が面倒なので、メールに返信するのではなく、Googleフォームなどを用意し、そこに送信してもらうことで、回答を管理する方法が使われています。

重要度 >> ★★★☆☆

社内の無関係の部署にマイナンバーを見られてしまった

☞ アクセス権限の設定

人事異動のお知らせ

また人事異動があるのか……

私は座席の変更はありませんが部署名が変わるみたいです

今回は部署の新設や統合などで変更がたくさんありますよ

名刺も作らないといけないし、メールの署名も変えないと……

システムの変更にはちょっと時間がかかるかもね

権限を部署ごとに細かく設定して……

何とか間に合った！

社内システム担当→

翌月……

まだ新部署での業務範囲が細かく決まっていないんですよ……

前の部署のデータにアクセスできないと仕事にならないよ

わかりました一度権限を緩くします

不安だけど、社内だからいいか……

あれ？まだ前の部署のファイルサーバーにアクセスできる……

他の部署のデータまで見えるんだけど……

あまりにクレームが多すぎて権限を緩くしていました……

取引先のマイナンバーまで見えるのはまずいでしょう！

チェックがついたら要注意

- □ ファイルサーバーなどでファイルを共有している
- □ ファイルのアクセス権限をあまり意識していない
- □ 特別なアクセスが必要なときの申請や承認のフローがない

基本知識を身につけよう

他部署の社員もアクセスできる設定にした

社内で使用しているファイルサーバーに格納してあるフォルダのアクセス権限の設定が適切でないために、他の部署が閲覧できてはいけないファイルにアクセスできてしまった事例です。

アクセス権限の設定を誤るとどうなる?

社内でファイルを共有する場合、ファイルサーバーを使用することが一般的です。ファイルを共有するといっても、誰もが自由にアクセスしてよい情報はほとんどありません。特定の部署にしか見えてはいけない情報もありますし、勝手に書き換えられると困るファイルもあります。

そこで、誰がどのように使用できるのか、フォルダやファイルに対して許可するかどうかを設定します。これを「アクセス権限」といいます。人物に対してだけではなく、ファイルの読み取りだけが可能なのか、更新も可能なのか、といった操作にも設定できます。

例えば、経理部のフォルダには経理部の人しかアクセスできないようにする、総務部のフォルダには誰でもアクセスできてもよいが総務部の人しか更新できないようにする、といった設定が可能です。

正しく設定しないと、見られてはいけないデータが見える、書き換えられてはいけないデータが書き換えられるなどの、問題が起きます。

組織改編などによる戻し忘れ

多くの場合、最初に設定したときは問題なくても、あとから設定を変更することがあります。

組織では世の中の動きに合わせて、組織改編や人事異動、業務の移管などが何度も発生します。組織改編が発生すると、システムの変更だけでなく、承認フローの変更や承認者の変更、社内規程の変更など多くの作業が発生します。限られた時間の中での対応が求められ、部署を超えたやりとりが発生するかもしれません。このとき、**指定された期日までに業務を引き継ぐことが難しいため、一定期間は過去の部署のデータにアクセスできるように設定することが求められたりします。すると、設定の戻し忘れなどが発生するのです。**

解決策

最小限のアクセス権限だけを与える

社内データについてはより細かなアクセス権限の設定が必要で、社員であっても閲覧できないようにしなければならないものがたくさんあります。具体的には、社員の人事データや、取引先のマイナンバー、顧客のクレジットカード情報、新商品の開発情報などが挙げられます。

つまり、あらゆるシステムやサービス、データなどについて、そのファイルを誰がどのように扱うのか、部署や個人の単位で設定しておく必要があるのです。

設定の際は、一般に情報セキュリティの「最小権限の原則」という考え方を使います。これは、目的を達するために必要な最小限の権限だけを与えることを意味します。

一時的に特別なアクセス権限が必要な場合は、その権限を使用する旨を申請し、上司が承認することで決められた時間だけアクセスできるように設定します。そして、**申請時に定められた時間が経過したあとはそのアクセス権限を廃止します。**

このとき、利用者や部署単位で権限を一時的に付与するのではなく、特別なアカウントを作成し、その業務をするときだけそのアカウントでログインしてもらうほうがよいでしょう。作業が終了したときは、そのアカウントを削除すればよいだけなので、設定の戻し忘れも防げます。

アクセス権限を厳格に設定するなど、セキュリティを意識することは重要です。しかし、セキュリティが原因で業務が停滞したり、対応のスピードが低下したりすることも避けなければなりません。一方で、セキュリティを緩めたために情報漏えいなどが発生することも避けなければなりません。

Column 情報セキュリティの3要素

JIS Q 27000という文書では、情報セキュリティを「情報の機密性、完全性および可用性を維持すること」と定めています。機密性（Confidentiality）は許可された人だけが使用でき、許可されていない人はアクセスできないようにすることです。また、完全性（Integrity）は情報が改ざんや破壊されないようにすることです。さらに、可用性（Availability）は障害が発生しても短時間で復旧するなど、利用者が使いたいときに使える状態を保つことを指します。

この3つの頭文字をとって、情報セキュリティの「CIA」と呼ばれることもあります。このすべてを考慮し、バランスよく維持することが求められるのです。

さらに強固にするワザ

組織が管理する情報については、その情報に「いつ」「誰が」アクセスしたのか、その記録（アクセスログ）を残します。そして、それを監視することは、情報が漏えいしたときの事後調査に役立つだけでなく、不正な操作をしないようにする抑止効果もあります。

重要度 >> ★★☆☆☆

CASE 20

Slackに人を追加したら、過去の履歴が見えてしまった

チャットアプリに社外の人を追加するときの確認

チェックがついたら要注意

- □ **社内でのやりとりにチャットアプリを使っている**
- □ **社外の人にチャットアプリに参加してもらうことがある**
- □ **チャットアプリでファイルを共有することがある**

基本知識を身につけよう

チャットアプリの過去の投稿に注意を払わなかった

社内で使用しているチャットアプリに新しいメンバーを追加したところ、過去のやりとりに含まれる機密情報が閲覧された事例です。

社内でのコミュニケーションツールとして、メールからチャットアプリへの移行が進んでいます。SlackやMicrosoft Teams、Google Chat、LINE WORKSといったチャットアプリでは、未読・既読の状況がわかり、リアルタイムにやりとりできます。また、チャットとして使うだけでなく、通話やビデオ会議、画面共有などが可能でコミュニケーションの活性化にも役立てられています。

多くのチャットアプリでは過去のやりとりをさかのぼって閲覧できるため、それまでの経緯をすぐに確認できます。メールに比べて、あとから加わったメンバーが経緯を追いやすい面があります。

チャットでメッセージを送る機能は時候の挨拶なども不要で、複数人が参加しても手軽にやりとりできて便利な反面、その送信内容によってはセキュリティ面でのリスクもあります。

例えば、過去にアップロードした画像や文書ファイルが新しいメンバーに見えてはいけないものかもしれません。**チャットアプリにアップロードしたファイルは、そのチャットに参加している人が誰でも閲覧でき、ファイルへのアクセス権限などを設定できません。**

つまり、機密ファイルを適切に管理するために、ファイルサーバーで細かく権限を設定しても安心できません。**その機密ファイルを持つ人がチャットアプリに直接アップロードしてしまえば、その権限を越えてアクセスできてしまう可能性があるのです。**当然、社員が部署を異動したことにより、ファイルサーバーではアクセス権限を廃止しなければならない場面でも、チャットに参加していれば、そのチャットの履歴を見ることで目的のファイルにアクセスできてしまうことがあるのです。

社外の関係者の参加

上記は社内でやりとりする場合の注意点ですが、チャットアプリでは社外の関係者をメンバーに追加する場合があります。1つのプロジェクトを進めるときには、複数の会社で協力して進めることがあるため、全員がチャットで会話できると便利です。このとき、過去のチャット内容に社員だけが盛り上がる内輪ネタが投稿されていると、それを社外の関係者が見たときには不快に感じる可能性もあります。

不正アクセスやなりすましについてのリスクも高まります。社員に対しては定期的に教育を実施できていたとしても、社外の関係者についてはセキュリティ意識が同じレベルとは限りません。単純なパスワードを使用していたり、使い回していたりすることで、第三者がログインして中身を閲覧してしまうリスクが高まります。

解決策

チャットアプリでの投稿ルールを作る

ファイルが投稿されることによるアクセス権限の問題を考えると、**チャットにファイルを直接投稿することを禁止するルールを設けること**

も1つの解決策です。ファイルを投稿するのではなく、ファイルサーバーなどへのリンクを投稿することをルールとして設定します。これにより、ファイルへのアクセス権限を持っている人はそのファイルを開けますが、権限がない人はそのファイルを開くことができません。

同様に、投稿する内容についても、ルールを決めておきます。例えば、社外の関係者が参加するときには、重要な情報については別の連絡手段を使い、チャットアプリはちょっとした連絡のみに使う、といった使い分けをすることも検討しましょう。

Column シャドーIT

チャットアプリを会社として導入しているのであれば問題ないのですが、一部の社員が勝手に会員登録して使っていることがあります。このように、情報システム部門などが把握していないサービスを使用していることを「シャドーIT」といいます。

チャットアプリに限らず、Webメールやファイル共有ソフトなど、便利なサービスは世の中にたくさんありますが、こういったサービスを個人が勝手に契約して使ってしまうと、情報漏えいなどが発生したときに、どこから漏れたのか把握するのが大変です。また、その社員が退職したりすると、そのアカウントでどのようなデータを管理していたのか、管理者は把握できません。

会社としてデータを管理するため、個人で勝手に契約しているサービスを使うのではなく、会社として契約し、そのアカウントを情報システム部門などが把握できるようにしましょう。

さらに強固にするワザ

チャットに社外の人を参加させる場合には、既存のチャットに追加するのではなく、新たに用意した領域に参加してもらうようにします。

Skill Up Quiz ②

Q1 自分が何も操作をしていないのにインターネット上のサービスから「ログインに失敗した」というメールが届いたとき、正しい対応はどれですか？

①偽のメールだと判断して無視する

②ログインに成功していなければ問題ないため無視する

③正規の手順でログインしてログイン履歴の確認やパスワードの変更を行う

④届いたメールに返信して、対応方法のアドバイスを待つ

Q2 2段階認証についての説明として、正しいものはどれですか？

①会員登録時にメールアドレスを入力し、そのメールアドレスに送信されたメールに記載されているリンクをクリックすると本登録が完了する

②IDやパスワードを入力したときに、もう1段階の認証を加える

③オフィスに入室するとき、警備員に顔写真つきのIDカードを見せる

④パソコンにログインするときと異なるパスワードでインターネット上のサービスにログインする

Q3 シングルサインオンという言葉が指す内容として正しいものはどれですか？

①パスワードを1つに統一すること

②ネットワークに接続せずに認証すること

③一度の認証で複数のサービスを利用できるようにすること

④パスワードの文字数を1桁にすること

Q4 チャットボットという言葉が指す内容として正しいものはどれですか？

①チャットアプリの内容を勝手に抜き出して外部に送信するロボット

②AI（人工知能）によって人間の質問に自動的に回答してくれるロボット

③チャットに新しい投稿があったことをスマートフォンに通知するロボット

④Webサイトを巡回し、更新があったことをチャットに投稿するロボット

Q1 ③　Q2 ②　Q3 ③　Q4 ②

Chapter

3

紛失・盗難による事故への対策

アクセスキー h(小文字のエイチ)

重要度 >> ★★☆☆☆

CASE 21 電車の網棚に仕事カバンを置き忘れてしまった

☞ 飲酒時の資料持ち歩きを禁止

翌日……

情報漏えいが発生

機密情報が入ったカバンを電車の網棚に置いたまま紛失したことがわかりました。直前に飲酒しており……

チェックがついたら要注意

- □ 外出時に資料の持ち出しを許可している
- □ 通勤途中で飲食店に寄って食事をすることがある
- □ パソコンのハードディスクを暗号化していない

基本知識を身につけよう

資料の持ち出しの危険性とジレンマ

打ち合わせで外出した際、その資料を持ったまま飲み会に参加し、帰宅する途中で、カバンを電車の網棚に置き忘れた事例です。遺失物として届けられていても、中身を誰かに見られていた可能性があります。

仕事で使う資料やパソコンなどはオフィスの中だけで扱うルールにしておけば、情報管理は楽になります。**社外に持ち出されなければ、紛失や盗難に遭うこともありませんが、なかなかそうもいきません。**

営業担当者が顧客を訪問したり、取引先と打ち合わせをしたりする状況を考えると、資料を持って外出しなければなりません。外出先でメールを確認するためには、パソコンやスマートフォンを持ち出すことも必要でしょう。

もちろん、「打ち合わせが終わったら必ずオフィスに戻る」といったルールを決めることはできますが、遠方での打ち合わせに参加できなくなり、商機を逃すかもしれません。夕方に開催される会議や、朝早くに開催される会議があると、就業時間の都合で参加できなくなるのです。

これを防ぐために、自宅に資料を持ち帰ることを許可します。夕方の打ち合わせであれば、打ち合わせのあとでオフィスに戻らずに直接帰宅する、朝の打ち合わせであれば前日に資料を持ち帰り、翌朝は直接打ち合わせに参加してからオフィスに出社する、という流れです。

外出時に資料やパソコンを持ち出すと、その移動中にカバンを紛失する、置き忘れるというミスだけでなく、誰かに盗まれるといった状況が発生する可能性があります。

仕事帰りに居酒屋などに寄って飲酒し、酔ってしまうと、「カバンをどこに置いたか記憶がない」という事態が発生します。仮に、あとで資料が見つかったとしても、**一時的に他の人が中身を閲覧できる状態になっていると、情報漏えいとして扱われます。**

解決策

資料の持ち出し時のルールを設ける

外出時の紛失や盗難を完全になくすことはできませんが、そのリスクを減らすために、さまざまな対策が実施されています。

・重要な書類を持っているときは飲酒をしない

お酒を飲んでいない状態では、「重要な情報を持ち運んでいる」という意識があっても、お酒を飲むと気が大きくなるものです。飲酒に限らず、注意が散漫な状態になったり、カバンを手から離してしまったりする状態を防ぐには、飲食店に限らず、どこにも立ち寄らないことをルールとして徹底します。

・外出先では網棚などに置かない

紛失の原因として、手元から離してしまうことが挙げられます。このため、電車の網棚などに置かず、常に手でカバンを持つことは有効です。

・持ち出した書類の内容を記録する

紛失や盗難といった事案が発生したときに、何をどれだけ持ち出していたのかを把握する必要があります。そこで、持ち出すときには内容と数量などを日時と合わせて台帳に記録しておきます。

問題なくオフィスに戻った際に、その結果を報告する運用にすることで、持ち出すことの意識を高めることもできます。

上記のいずれについても、何か技術的な対策を実施できるわけではありません。従業員の意識を高めることが大切なのです。

さらに強固にするワザ

印刷された書類に対しては、技術的な対策は実施できませんが、パソコンやスマートフォンであれば、いくつかの方法が考えられます。

・ハードディスクの暗号化

他人のパソコンを拾ったり盗んだりしても、パソコンの電源が切られていれば、パソコンを起動してログインしないと中身を見ることはできません。このとき、パスワードがわからないとログインできません。

しかし、そのパソコンからハードディスクを抜き出して他のパソコンに接続すると、ログインしなくてもハードディスクの中身をコピーして取り出せる可能性があります。

そこで、パソコンに保存したデータを他人によって見られる可能性を減らす対策として、ハードディスクの暗号化が挙げられます。WindowsであればBitLockerという機能があり、パソコンの起動時にログインとは別に回復キーというパスワードを求められます。このように暗号化したハードディスクであれば、抜き出して他のパソコンに接続しても中身を取り出すにはパスワードが必要になります。

・リモートワイプ

組織として管理しているパソコンやスマートフォンであれば、インターネットを経由して、遠隔地からデータを削除できる「リモートワイプ」という機能を使用することもできます。事前に設定が必要であり、その端末がネットワークに接続できる状態にあることが必要ですが、端末に保存されているデータを遠隔地から消去し、工場出荷時の状態に戻すことができます。

重要度 >> ★★★★★

CASE 22 机に保管していたUSBメモリの所在がわからなくなった

☞ USBメモリなどの可搬媒体の管理体制の見直し

情報漏えいが発生

機密情報が保存されたUSBメモリの所在が
わからなくなっていました。
紛失したUSBメモリは中古として販売されており……

チェックがついたら要注意

- □ **仕事で使うデータをUSBメモリなどの可搬媒体に保存している**
- □ **使用後にそのデータを削除していない**
- □ **USBメモリなどの所在を定期的に確認していない**

基本知識を身につけよう

USBメモリはなぜ必要?

仕事で使用しているデータがあり、自宅で作業を続けるためにUSBメモリに保存して持ち帰っていたところ、そのUSBメモリを紛失してしまい、保存されていたデータが流出した事例です。

仕事を進めるうえで、1台のパソコンで作業が完結すればよいのですが、現実には複数のパソコンを使わないといけないことがあります。Windowsと macOSなど異なるOSで作業を進める場合や、特殊なソフトが入っていて古いOSを使わないといけない場合、複数のパソコン間でデータのやりとりが発生します。

こういった複数のパソコン間でデータを移動するにはUSBメモリが便利です。ネットワークを経由しないため、ファイル共有サービスなどが禁止されている会社でも使えますし、電子メールなどに添付できない大容量のデータでも短時間でコピーできます。

自宅へ持ち帰らなくてはいけないとき

USBメモリはオフィスの中だけでなく、仕事が忙しい時期などに自宅に持ち帰って使用することが許されている会社もあります。

ちょっとしたデータであれば、自宅のメールアドレス宛に添付ファイルつきの電子メールで送ることもできますが、大容量のデータでは電子メールに添付できません。そこで、USBメモリをパソコンに接続し、データをコピーするという方法が考えられます。

メールやUSBメモリを使ってデータをコピーした際には、保存したデータを適切に削除することを忘れてはいけません。**削除すればリスクは最小限で済みますが、USBメモリのような可搬媒体は紛失する可能性も高いものです。**

紛失しなくても、オークションなどで中古として売ってしまうと、その中に保存されているデータを読み取られてしまう可能性があります。

解決策

USBメモリ以外の手段も考える

ファイルサーバーや電子メール、ファイル共有サービスを使えば紛失するリスクがないことから、大企業などではUSBメモリの使用を原則禁止している会社も多いものです。**パソコンへのUSBメモリの接続を禁止し、接続しても読み書きできないように設定しています。**

しかし、セキュリティの問題でネットワークに接続できないパソコンもあれば、ファイルの容量が大きくてネットワークで転送するには時間がかかる場合もあります。そのような理由がある場合は、使用時に申請・承認のフローが必要になります。

USBメモリの使用について対策が難しいのは、担当者が正規のユーザーであることです。そのデータに対するアクセス権限を持ち、仕事として必要であるから使用しているのです。

そのうえで、一般的に用いられる対策を紹介します。

USBメモリの持ち出しを禁止する

USBメモリなどの可搬媒体を使用しても、オフィス内で使用していればそれほど大きなリスクはありません。このため、外出先に持ち出したり、自宅に持ち帰ったりすることをなくすことを考えます。技術的な対策は難しいものの、ルールとしてUSBメモリを持ち出さないことを徹底します。

暗号化し、使用後はデータを削除する

USBメモリには暗号化の機能を備えているものがあります。通常のUSBメモリは、パソコンに接続するとすぐにファイルの一覧が表示されますが、暗号化の機能があると、データにアクセスするときにパスワードを求められます。これにより、USBメモリを紛失したり盗難に遭ったりした場合でも、第三者が中身を閲覧できなくなります。

いずれの対策においても、使用したあとにデータがUSBメモリなどに残ってしまうことが問題です。このため、パソコン間での移動が終わったらUSBメモリを初期化するなど、使用後には保存したデータを削除することを徹底します。

また、持ち出した場合は使用後に返却した記録を残すなど、USBメモリの所在を定期的に確認します。

さらに強固にするワザ

データの持ち出しを完全に禁止したい場合は、DLP（Data Loss Prevention）という仕組みを導入する方法があります。導入するツールの機能にもよりますが、機密情報を含むデータが可搬媒体にコピーされることなどを検知して自動的にブロックするもので、正規の利用者であっても監視します。

重要度 >> ★☆☆☆☆

CASE 23

サーバーのバックアップを保存していたDVDがなくなった

保管場所の管理体制の強化

チェックがついたら要注意

- □ バックアップをDVDなどに保存している
- □ DVDなどの保管場所に鍵をかけていない
- □ 定期的に棚卸しなどの作業を実施していない

基本知識を身につけよう

バックアップは何のためにするの?

会社のサーバーに保存されているデータを定期的にDVDにバックアップとして保存していたものの、過去に作成していたはずのDVDが見当たらなくなった事例です。

パソコンを使用していると、故障や災害でデータが失われるだけでなく、誤操作によってファイルを上書きしてしまった、などの理由でデータを元に戻したいことがあります。CASE08で解説したコンピュータウイルス（マルウェア）に感染してデータが失われた場合に使われることもあるでしょう。

このときに必要なのが「バックアップ」です。パソコンの中にコピーしているだけでは、そのパソコンが故障すると取り出せなくなるため、外付けのハードディスクやDVD、最近ではクラウドサービスなどにバックアップしている会社もあるでしょう。

ここで問題になるのが、バックアップしたデータの管理です。どれが最新なのかわからなくなると意味がありませんし、過去に削除したデータを元に戻したいのであれば、何世代か前のバックアップが必要になるかもしれません。

そこで、**企業では何世代もバックアップを取得し、その取得日時などを管理しています**。これにより、ある時点でのバックアップに戻すことが可能になります。

バックアップデータのアクセス権限

バックアップを作成したものの、その保管場所の管理体制に問題があると、セキュリティ上のリスクが発生します。

ファイルサーバーではそれぞれのファイルにアクセス権限を設定していても、バックアップを取得するときは管理者権限ですべてのフォルダをまとめてコピーします。このとき、DVDにバックアップすると、フォルダごとに個別のアクセス権限は設定できません。

つまり、バックアップ用のDVDを入手できれば、各フォルダにアクセスする権限は必要なく、他部署のファイルも無制限にアクセスできます。

解決策

バックアップの目的に応じて管理方法を考える

バックアップを取得する理由として、上記では故障や災害のほか、誤操作なども紹介しました。このとき、それぞれの目的に応じて管理方法を変える必要があります。

例えば、地震や火事などの災害に備えるのであれば、バックアップしたものが同じ建物にあるのでは意味がありません。このような場合は、リアルタイム性はあまり求められず、1か月に1回といったバックアップでも構わないので、**データが失われないように遠隔地に保管する必要があり、管理者が取得することをオススメします**。

一方、ファイルの上書きなどの誤操作であれば、そのファイルだけを短時間で戻す必要があります。しかも、数分前や数時間前の状態に戻したいものです。こういったバックアップについては、**利用者が自身でクラウドサービスなどを使ってバックアップする方法も考えられます**。

バックアップメディアを管理する

上記のように、DVDなどの媒体にバックアップする場合、紛失や盗難には特に注意が必要です。管理者以外が容易にバックアップデータを持ち出せないように、**金庫を使用する、専用の部屋を用意するなど、管理者以外が触れないような場所を用意します**。また、権限のある人であっても、誰がいつ入室したのか、その目的は何かといった記録を残す必要があります。それによって、不正な持ち出しなどを管理できます。

一般の利用者も、上記のように管理されていることを理解し、不審だと思われる行動は慎まなければなりません。また、不審者がオフィス内にいることがないように、オフィス内にいる人が社員証をつけているか確認し、普段見かけない人には声をかける、という対応が求められます。

クラウドサービスでバックアップを取得するときの注意

バックアップの保存先としてファイル共有サービスなどのクラウドサービスを使うことも増えています。外付けのハードディスクやDVDを使うときのように取り外しする必要がなく、手軽であるだけでなく、自動的に世代を管理する機能を備えたものもあるためです。遠隔地に保管するという役割も果たせます。ただし、常に接続していると、ウイルスに感染した場合に、バックアップまで含めて書き換えられてしまう可能性があることには注意が必要です。また、バックアップにアクセスできる担当者を制限するために、適切なアクセス権限を設定しておきます。

さらに強固にするワザ

バックアップを取得するだけでなく、そのバックアップを使って元に戻せるかも、定期的に練習しておきましょう。

重要度 >> ★★★★★

CASE 24 シェアハウスの同居人にパソコンをのぞき込まれた

☞ のぞき見防止フィルタや画面ロック

チェックがついたら要注意

- □ テレワーク時に家族などが周囲にいる
- □ 離席時に画面ロックを設定していない
- □ 会社貸与のものを私物と混同する可能性がある

基本知識を身につけよう

身近な人でも安心できない「のぞき見」

テレワークが普及し、自宅で作業をする人が増えましたが、シェアハウスに住んでいる社員は、他社に所属する社員と同居している可能性があります。そこで開いていたパソコンの画面から他社に情報を知られてしまった事例です。

テレワークを導入する企業が増え、業務内容によっては自宅でも仕事ができる環境が整ってきました。これはメリットである一方で、紛失や盗難以外にも、さまざまなセキュリティ上のリスクがあります。

その1つが、身近な人による画面の「のぞき見」です。オフィスで仕事をしていると、周囲にはその会社に所属している人や関係者しかいません。しかし、自宅などで仕事をすると、家族や友人が周囲にいる可能性があり、画面に表示している内容を見られてしまうのです。

本人は信頼できる相手だと思っていても、その人は知ってしまった内容が機密情報なのか判断できない可能性があります。外出先など他社の人がいる状況で無意識のうちに話してしまったり、SNSなどに投稿してしまったりすると、情報漏えいにつながるのです。

会社から借りたものと私物との混同

テレワークで注意すべきこととして、私物との混同もあります。オフィスでは基本的に私物を使うことがなく、パソコンやマウス、モニターなどに加え、パンフレットなどの資料、書籍、印刷物も会社で用意されたものを使います。

しかし、自宅では自分で用意したキーボードやマウス、モニターなどを使いたい人もいます。そして、資料だけでなく個人で持っている書籍などが自宅の本棚で混在してしまうのです。

数日だけ一時的にテレワークをするような状況では、何を持ち帰ったのか自分で把握しており、私物と混在してもすぐに判断できますが、**数か月といった単位になると、会社で用意されたものがどれかわからなくなる**ことがあります。

解決策

のぞき見防止フィルタと画面ロックの活用

家族などによる「のぞき見」を防ぐには、画面や印刷物が見られないように周囲の状況を注意しなければなりません。仕事をしている横を通らざるを得ない場合は、「のぞき見防止フィルタ」などを使ったり、休憩中には画面をロックしたりするなどの対応が考えられます。

のぞき見防止フィルタは、画面の正面からは問題なく見えますが、斜め方向からは見えにくくなるものです。画面にフィルムで貼り付けるタイプのほか、マグネットで簡単に取り外しできるものもあります。

画面をロックする方法として、スクリーンセーバーと、ロック画面があります。スクリーンセーバーは、一定の時間が経過すると画面の表示を別の内容に切り替える方法です。設定した時間が経過するまでは通常通り使えるため、すぐにロックしたい場合はロック画面を使います。ロック画面に切り替えるには「Windowsキー +L」を押します。いずれも元の画面に戻すときにパスワードを入力する必要があります。

印刷物にはこういった対策はできませんが、テーブルの上に開きっぱなしにしないように注意します。

会社から借りたものはひと目でわかる工夫をする

私物との混同を防ぐためには、どれが会社で用意されたものなのかをわかるようにする必要があります。一般的に、パソコンなどの機器には「資産管理番号」などを書いたシールを貼る方法が使われます。これは、機器を会社で管理する資産として登録しており、その台帳に登録されている番号と対応づけるものです。

このようなシールが貼られていればわかりやすいものですが、印刷した資料を1枚ずつ管理するのは現実的ではありません。重要な情報については「社外秘」などのスタンプを押して、すぐに判断できるようにする方法が使われますが、そうでない資料では難しいでしょう。

このため、会社の資料はクリアファイルに入れたり、専用の棚に入れたりするなど、混同しないように工夫します。

さらに強固にするワザ

自宅以外の場所としてサテライトオフィスを自社で設置したり、同等の場所を提供しているレンタルスペースの企業と契約したりしている企業もあります。自社のオフィスまで通勤すると電車を使って移動する必要がありますが、自宅から近い場所に電源やネットワークなどがそろった専用の場所が用意されていると、自宅では仕事に集中できないけれど、オフィスまで移動するのは大変だという場合に有効です。

カフェなどのオープンスペースではのぞき見やネットワークの盗聴などさまざまなセキュリティ面での不安がありますが、こういった専用のスペースを借りるのも1つの方法です。

重要度 >> ★★★★★

CASE 25

教員が家庭訪問の最中に車に置いていた書類が盗まれた

☞ 外出先での情報管理

チェックがついたら要注意

- □ **外出時に車などで資料を持ち運ぶことがある**
- □ **重要な資料を会社に置いている**
- □ **監視カメラや金庫などを使っていない**

基本知識を身につけよう

車上あらしは貴重品以外も狙っている

教員が生徒の家の近くに車を停めて家庭訪問している間に、車の窓ガラスが割られ、車内に保管していた資料が盗まれた事例です。ほかにも、公民館に何者かが侵入し、パソコンやUSBメモリが盗まれた事件もありました。

都心では打ち合わせなどでの外出時に電車を使うことも多いものですが、荷物が多いときには車を使うこともあります。地方では、そもそも車以外に移動の選択肢がないこともあります。**車を使って移動するのは便利な一方で、持ち出した資料を車の中に置いておくことはリスクにもなります。**

車のガラスを割って、車に置いてある貴重品などを盗む「車上あらし」のニュースを聞いたことがある人も多いでしょう。貴重品だけでなく、個人情報が入った資料やUSBメモリなど、企業や学校などの組織が持つ情報を狙うことも増えています。

最近の車は、鍵につけられているボタンを押すことで離れた場所からもロック解除できます。**この電波を盗み、鍵がなくてもロックを解除できるようにする「リレーアタック」と呼ばれる方法があります。**

一時的な打ち合わせとはいえ、重要な情報が入ったカバンや袋などを車に置いたまま離れてしまうと、車の中から盗まれて情報漏えい事件になってしまうのです。

物理的に盗まれるのは車に限った話ではありません。会社のオフィスや公民館、大学の研究室など、夜間に人がいなくなるような場所を狙って侵入し、そこに置かれているパソコンなどを盗む犯罪があります。このように、建物に侵入され、そこから物理的に盗まれることも想定しておかなければなりません。

解決策

車の外から見えないようにする

車のガラスを割るような大胆な犯行を防ぐ対策をするのは現実的ではありません。そのような人がいるところには近づかないなど、身の安全を確保することのほうが大切です。

しかし、それでも盗まれたあとの被害を最小限にすることを考えましょう。例えば、車の鍵をかけるのは当然として、重要な資料は金庫に保管する方法もあります。**車載用の金庫も販売されており、ワイヤーロックなどで座席から外せないようにしておくと、盗難を防げます。**

また、一見して価値があるとわかるものを盗もうとする心理を考えると、資料はトランクやダッシュボードの中に入れる、カバーをかけるなど見えないようにしておくことも有効だといわれています。

3つの対策で建物内の盗みも防ぐ

建物における防犯を考えるとき、3つの方法があります。

・入口や出口での防犯

建物の入口や出口で第三者の侵入を防止することが最初のステップで

す。ドアや窓に鍵をかけたり、防犯ガラスを導入したりすることのほか、入口では社員証などのICカードによる認証や警備員の配置などが考えられます。

警備システムを導入している会社も多いでしょう。日中は従業員がいても、深夜は誰もいない状態になるため、何か異常が発生すると警備会社が駆けつけてくれるのは助かります。

・金庫などの使用

侵入されたときに、重要な情報が盗まれないようにするために、その重要度に応じて保管場所を検討します。例えば、もっとも重要な資料などについては金庫や特別な部屋を用意し、そこに保管します。

・監視カメラの設置

監視カメラを設置することも1つの対策です。最近では、Webカメラが安価に設置できるようになり、一般的なオフィスで設置されることも増えています。Webカメラはインターネット経由で映像を確認できるため、外出先からでも状況を把握できます。

さらに強固にするワザ

監視カメラを設置することで、一定の抑止効果は期待できますが、それでも実際に盗まれてしまうとパソコンなどは戻ってきません。

そこで、盗まれたものを取り返すために、パソコンなどの電子機器であれば現在地を調べる工夫が考えられます。iPhoneやiPadであれば、ネットワークに接続できる場所にあれば「探す」という機能が用意されており、GPSを使って現在地を調べられる可能性があります。

また、カバンなど電子機器以外のものにはApple社のAirTagのような「スマートトラッカー」と呼ばれる製品を使う方法もあります。Bluetoothや GPSを使って位置情報を調べられる端末で、一般的には紛失に備えるものですが、盗難に備えることもできます。

重要度 >> ★★☆☆☆

CASE 26

一時的にスマホを貸したら、検索履歴から情報が盗まれた

☞ 端末の管理、ゲストモード

チェックがついたら要注意

- □ **スマートフォンを他人に渡して見せることがある**
- □ **ゲストモードを使っていない**
- □ **通知をオンにしたまま渡している**

基本知識を身につけよう

貸し出した相手が見ているものは？

友人にスマートフォンを貸したところ、その閲覧履歴などを友人が見てしまい、情報漏えいにつながった事例です。

似たような事例として、ネットカフェなどでパソコンを使用したとき、他の人の閲覧履歴が見えてしまうこともあります。

自分のスマートフォンやパソコンで表示している画面を他の人に見せたいとき、ちょっとした内容であれば端末ごと渡して見てもらうこともあるでしょう。ニュースや写真などであれば、隣で話しながら見せれば済むかもしれません。

しかし、便利なサービスやゲームなどのアプリを紹介する場合、使ってもらわないと、その良さを理解できません。もちろん、相手のスマートフォンにアプリをインストールしてもらえばよいのですが、ちょっと試すくらいであれば自分のスマートフォンを貸すことがあります。

このとき、その相手が見ているのは、共有したかったアプリだけではない可能性があります。そのアプリの使い方を調べるためにインターネットを検索するなど、そのスマートフォンに入っているほかのアプリを触ってしまう可能性があります。

Webブラウザを開かれると、そのWebブラウザで過去にアクセスしたWebサイトの閲覧履歴が見られますし、メールアプリを開かれると、メールのやり取りも閲覧されます。それだけでなく、知らない間にアプリをインストールされる、勝手に商品を購入される、犯罪に使われる、などあらゆることを想定しなければなりません。

共有したいアプリを開いているだけであったとしても、そのときに着信があったり、メールなどの通知が届いたりするかもしれません。多くのスマートフォンでは通知には一部しか表示されませんが、相手の名前やちょっとした文章は表示されてしまいます。

返却されたときに通知が未読であれば問題ないと考えるかもしれませんが、一瞬だけ表示される通知内容が見られている可能性もあります。

ネットカフェなどの施設のパソコンにも注意

一般的なネットカフェでは、使用が終了するとパソコンを再起動し、そのときに自動的に履歴を削除するような設定になっていることが多いものです。しかし、店舗によっては適切に設定されているとは限らず、前の人が使っていた閲覧履歴が見えてしまう、前の人のアカウントでログインしたままになっていることもあります。

それだけでなく、**キーボードの入力履歴を記録する「キーロガー」というソフトがインストールされており、入力されたIDやパスワードを記録、外部に送信している可能性もあります。**

解決策

設定の変更でアプリを限定し通知オフにする

信頼できる相手であっても、スマートフォンなど個人が使用している端末を貸さないことが重要です。たとえ短時間であっても、さまざまなリスクが考えられるためです。

どうしても貸さざるを得ない場合は、設定を変更して、使用している内容を隣で確認しましょう。そのうえで、Webブラウザ上で使えるサービスであれば、Webブラウザのゲストモードなどを使用し、そのアプリ以外は使わないようにしてもらいます。

また、**「フォーカスモード（集中モード）」などの機能を使用し、スマートフォンへの通知を一時的にオフに設定する**ことで通知からの情報漏えいを防ぐことも1つの方法です。

他人のパソコンでは個人情報を入力しない

Webブラウザには、「オートコンプリート機能」が用意されています。これは、一度入力したIDやパスワードなどを記憶しておき、次回以降は入力しなくても済む機能です。しかし、Webブラウザに記憶されるため、他の人にその中身を閲覧される可能性があります。**オートコンプリート機能は、ネットカフェなどでは使用しないようにしましょう。**

同様に、口座番号やクレジットカード番号などは入力しない、パスワードの入力が必要なサイトは利用しない、といった対策を実施します。

さらに強固にするワザ

スマートフォンを長時間貸すような場合には、Androidであればスマートフォン全体をゲストモードにする方法があります。これにより、持ち主のアカウントや導入したアプリ、データにはアクセスできず、工場出荷状態のような環境をもう1つ作成できます。また、使用できるアプリを1つだけに制限できる「アプリ固定」という設定もあり、これを設定しておくと、開いているアプリ以外を使えないようにできます。

iOSの場合は、全体をゲストモードにすることはできませんが、スクリーンタイムという機能により、実行できるアプリなどを制限できます。また、Androidの「アプリ固定」と同様の機能として「アクセスガイド」があります（「設定」→「アクセシビリティ」→「アクセスガイド」）。

Skill Up Quiz ③

Q1 最近は企業で「シンクライアント」という端末が使われることが増えています。この端末の特徴として正しいものはどれですか？

①端末の中にデータを保存しないことで、端末の紛失に備えている

②データセンターに多く設置できるように、非常に薄く作られている

③防水機能を備えており、屋外での使用に向いている

④工場や店舗などでも使いやすいようにタッチパネルで操作できる

Q2 カバンの置き忘れなどに有効な紛失防止タグとして、Apple社が提供している商品の名前として正しいものはどれですか？

①AirDrop

②AirTag

③AirPods

④AIR-EDGE

Q3 机の上に置いた資料をのぞき見されることを防ぐためによく使われる対応として正しいものはどれですか？

①クリックワンス

②クリアスクリーン

③クリアデスク

④クリーンインストール

Q4 Webブラウザを終了したときに閲覧履歴などが消去されるモードの名前として、Webブラウザごとの正しい名前の組み合わせはどれですか？

	Google Chrome	Microsoft Edge	Safari
①	シークレットウインドウ	InPrivate ウインドウ	シークレットウインドウ
②	InPrivate ウインドウ	シークレットウインドウ	プライベートウインドウ
③	プライベートウインドウ	シークレットウインドウ	InPrivate ウインドウ
④	シークレットウインドウ	InPrivate ウインドウ	プライベートウインドウ

Q1 ① Q2 ② Q3 ③ Q4 ④

Chapter

4

情報の持ち出しによる事故への対策

アクセスキー　1（数字のいち）

重要度 >> ★★★★☆

CASE 27 退職者によって顧客情報をまとめて持ち出された

☞ 退職時の情報管理

チェックがついたら要注意

- □ 普段から自宅で仕事をするなど社員が機密情報を持ち出している
- □ 退職時に誓約書を提出していない
- □ 同業他社への転職について就業規則などに記載がない

基本知識を身につけよう

どうして営業秘密が漏えいするの？

社員が退職したあとで、社内の情報がその社員によって外部に持ち出されていることが判明した事例です。顧客の個人情報が漏えいした原因については、誤操作や管理ミスのほか、不正アクセスなどが原因として挙げられることは「はじめに」でも解説しました。しかし、企業が保護すべきものとして、営業秘密などもあります。営業秘密が漏えいした経路として、情報処理推進機構（IPA）が次のようなデータを公開しています。

◎ 営業秘密の漏えいルート

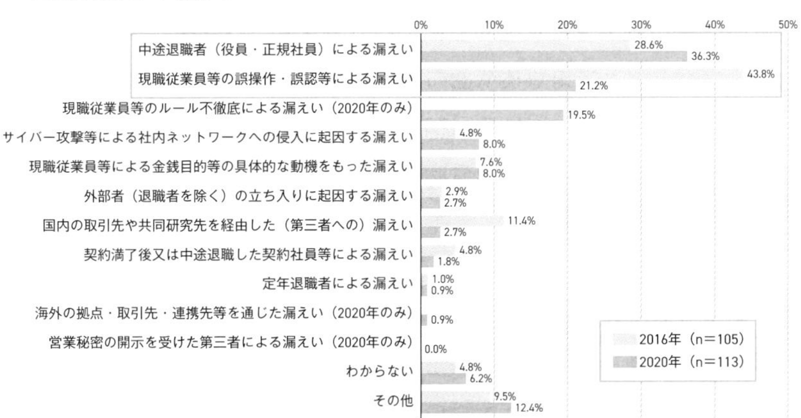

出所：「企業における営業秘密管理に関する実態調査2020」独立行政法人情報処理推進機構（IPA）
https://www.ipa.go.jp/archive/security/reports/2020/ts-kanri.html

これを見ると、2016年には「中途退職者による漏えい」が「誤操作などによる漏えい」に次いで多く、2020年にはもっとも多くなっていることがわかります。このため、退職時に情報を持ち出してしまうことを考慮して対策を実施しなければならないことがわかります。

退職時になぜ情報を持ち出してしまうの?

社員が退職する理由として、定年退職であれば年齢によるものなので仕方がありませんが、他社に転職することでより高い収入が得られることや、現職でのモチベーションの低下などがあります。

つまり、中途退職の場合、現職よりもよい環境で働きたいという意識だけでなく、現職に不満があることもあります。そして、この不満が大きくなると、損害を与えることを考えてしまう可能性があるのです。

さらに、他の会社が持つ情報を知るために、その会社の社員を引き抜くことで持ち出させようとする場合もあります。例えば、通信会社の社員が引き抜きによって別の通信会社に転職した際、前職での営業秘密を持ち出したとして逮捕された事件がありました。

このように、本人が意図的に情報を持ち出そうとした場合は、誓約書や秘密保持に関する契約を締結していても、本人が「見つからなければ大丈夫だ」と考えて計画的に持ち出してしまうと、防ぐのは難しいものです。

不正な持ち出しの場合は、次のような条件がそろっているためです。

- 重要な情報がどこに保存されているかを知っている
- その情報にアクセスする権限がある
- その情報の価値を理解している

解決策

退職の手続き時に契約を結ぶ

このような背景を考えると、社員が退職するときは、担当者間での業務の引き継ぎだけでなく、情報漏えいを防ぐための事務手続きが必要です。多くの場合、社内で定められた退職手続きのマニュアルがあり、その内容に沿って進めていればよいのですが、退職理由によってはこれまでの業務資料を持ち出していないか確認しなければなりません。

しかし、在職時にどのようなデータを持ち出しているかを、退職時に確認することは困難です。このため、普段から情報の持ち出しを禁止することが考えられます。自宅での作業の禁止やUSBメモリの使用禁止などのルールを設定している会社も多いでしょう。ただし、現実的には、テレワークの普及もあり技術的な対策で防ぐことは困難です。

同業他社への転職を禁止するために、「退職から1年程度は同業他社への転職を禁止する」などの就業規則を定めている会社もあります。これも実際には、前職の会社に不利益がない場合は黙認されていることも多いものです。

一般的には、誓約書の提出や秘密保持に関する契約により、心理的なハードルを上げる方法が使われています。また、退職前までに信頼関係を結ぶだけでなく、退職後も退職者との間で良好な関係を維持することが求められています。

さらに強固にするワザ

持ち出されたデータがどのようなものなのか、事実を正確に把握するために、いつ、どこに、どのようなデータが保存されていたのかを記録しておきます。

重要度 >> ★★☆☆☆

CASE 28

副業サイトからツールをインストールしたら、機密情報が他社に送信された

☞ 外部サイトへのアクセス制御

副業してみませんか？

在宅でできる仕事がたくさん
空き時間にできる作業です！

- □ **社員に副業を許可している**
- □ **会社のパソコンにツールを導入できる権限が社員に与えられている**
- □ **外部サイトへの通信を自由にできる環境がある**

基本知識を身につけよう

どんな副業でも会社に許可をもらえる?

社員が会社で貸与されたパソコンで副業しており、そのパソコンに導入したツールによって画面のスクリーンショットなどが社外に送信されていた事例です。

日本では、副業を禁止している会社が多くありました。その理由として、就業時間以外にも働くことで社員が長時間労働することになり、本業への影響が出る可能性があることや、同業他社で働かれることで情報が同業他社に漏れる可能性があることなどが挙げられます。

しかし、テレワークの普及で時間的な余裕ができ、副業しようとする人が増えています。国が定める「モデル就業規則」も、2018年には副業・兼業を認める内容に変わり、就業規則を変更した企業が増えています。ただし、無条件にどんな業務でも認めるのではなく、競合しない会社であることなど、いくつかの条件を定めています。**モデル就業規則では、次のような場合は副業を禁止・制限できることとされています。**

- 労務提供上の支障がある場合
- 企業秘密が漏えいする場合
- 会社の名誉や信用を損なう行為や、信頼関係を破壊する行為がある場合
- 競業により、企業の利益を害する場合

副業で会社のパソコン利用がダメな理由

副業の内容は多種多様であり、パソコンを使って作業をする仕事もあれば、Uber Eatsのように身体を使うことが中心の仕事もあります。いずれにしても、ちょっとした空き時間に作業するだけで小遣い程度の収入が得られる副業を気軽に試せる時代になっています。

このとき、個人のパソコンで、空き時間に副業をしているのであれば大きな問題にはならないのですが、**「自宅にパソコンがない」などの理由で仕事用に会社から貸与されたパソコンを使うと問題になります。**

特に、副業の内容が成果物に対する報酬ではなく、時間に対する報酬の場合、その作業に要した時間を記録するツールの導入を求められたりします。これは、パソコンの画面を画像や動画で記録し、依頼された作業を実施しているかを確認するためのツールで、定期的に画面のスクリーンショットなどを依頼者に送信する機能を備えていたりします。

このスクリーンショットの記録が報酬の支払いに関係するため、作業している（不正に報酬を得ようとしていない）ことの確認に必要だとしても、これが会社のパソコンに導入されていると問題になります。

機密情報が書かれたファイルを開いていた場合、その画面のスクリーンショットが外部に送信されるためです。アプリの起動時間などの情報を収集して送信されると、ほかにどのようなアプリを使っているのかを把握される可能性もあります。

解決策

業務以外でのパソコン使用を禁止する

会社から貸与されたパソコンはあくまでも業務に使用するために貸与

されているものであり、副業などの私用で使うことは認められていません。

そして、許可されたソフトウェア以外をインストールすることを認めていない会社も多いでしょう。便利だからといって勝手にソフトウェアを導入されると、会社としてコンピュータを管理できません。

一般の利用者には管理者権限を付与せず、ソフトウェアの導入を禁止するだけでなく、運用ルールとして勝手なダウンロードなどを禁止するのです。

さらに強固にするワザ

業務中の使用でも、外部のWebサイトにアクセスすることを制限している会社もあります。業務に関係しているWebサイト以外へはアクセスできないように、ファイアウォールで制御しているのです。

このときの制御方法として、ホワイトリスト方式とブラックリスト方式があります。

◎ファイアウォールの通信判別方式

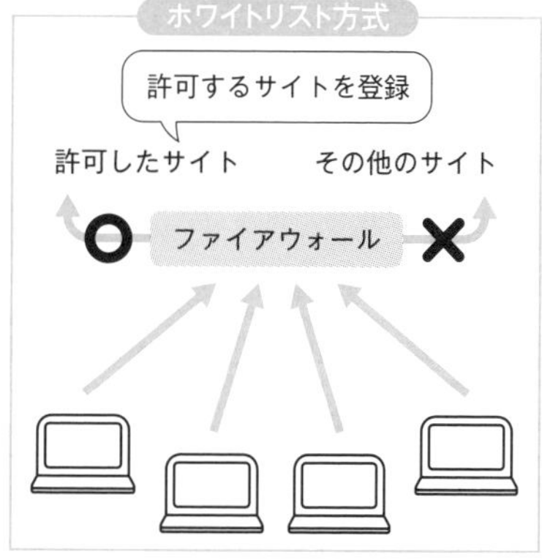

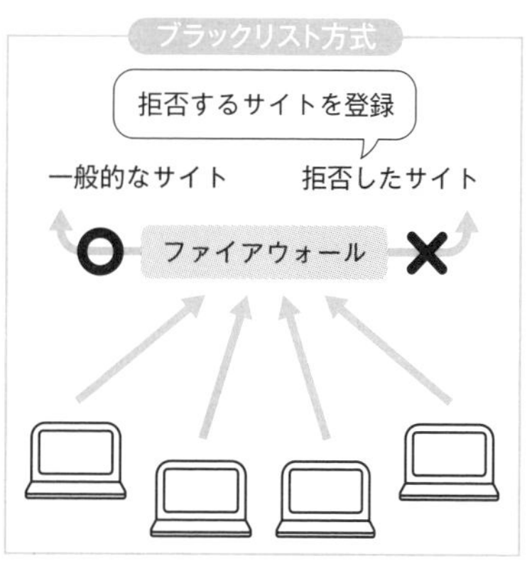

URLではなく、通信方法でアクセスを制限する方法もあります。例えば、Webサイトを閲覧するだけであれば問題なくアクセスできても、Webサイトに何らかのデータを送信することを拒否する方法です。これらを組み合わせることで、情報を送信するWebサイトだけを制限し、閲覧するだけのWebサイトの多くは問題なく閲覧できます。

個人のブログに会社の批判や機密情報を記載して懲戒解雇になった

☞ モラル教育の実施

この商品は
おすすめ!
みなさんも使ってみて!

1.2万 ♡ 3万

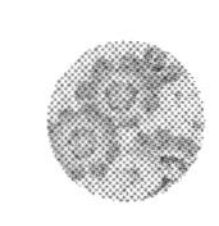

今日は○○に行きました
楽しかった〜

2 ♡ 15

チェックがついたら要注意

- □ ブログやSNSで情報を発信している
- □ 写真の投稿時に背景の写り込みなどを考慮していない
- □ モラル教育を実施していない

基本知識を身につけよう

情報発信で炎上するのはなぜ?

店舗を訪れた顧客の情報や、顧客との会話内容などを社員が自分のブログやSNSで勝手に情報発信していたことが問題となった事例です。

ブログやSNSが一般的に使われるようになり、誰もが手軽に情報を発信できるようになりました。**組織のアカウントであれば、投稿内容を複数人で確認したり、運用のルールを決めたりしますが、個人で取得したアカウントで発信していることもあります。**これは手軽に投稿できる反面、その投稿内容が問題になることがあります。

例えば、有名人が来店したときに、それを投稿してSNSが炎上する、といったことはよく報告されます。このような顧客の情報だけでなく、会社の組織改編や人事異動などについても機密情報であり、その情報の発信には注意しなくてはなりません。

また、モラルに欠けた投稿により批判が殺到することがあります。組織として発信していなくても、社員がそのような投稿をすることで、組織としての管理責任を問われることもあるのです。

ブログやSNSでなくても、人材採用サイトなどにおいて、会社での給与や福利厚生、待遇などについて投稿することが問題になることもあります。一般的に公開されている情報であれば問題ありませんが、不満などが投稿されると影響が大きくなるのです。

写真の投稿

ブログやSNSに投稿するとき、写真があると見栄えがしてアクセス数が増えやすいといわれています。ただし、その写真にどのような内容が写っているのかを細かく確認しなければなりません。

オフィス内で撮影した写真をアップロードした場合、その背景に写り込んでいる機器や掲示内容によっては問題になることもあります。例えば、オフィス内にはパソコンなどの事務機器があります。その画面に表示されているファイルなどが写り込んで問題になることもありますし、壁の掲示など社内の人だけが見ることを想定しているものが写り込んでしまうと、情報漏えいにつながります。机の上に置かれた鍵が写ってしまうと、その鍵に書かれている番号で鍵を複製できる可能性もありますし、人物の顔などが写り込んでしまい、許可をとらずに掲載してしまうと、肖像権の侵害に問われる可能性もあります。

最近では、スマートフォンなどのカメラで撮影した写真でも解像度が非常に高く、小さな文字でも拡大すると細かい部分まで見えてしまう可能性があるのです。

解決策

個人の運用ルールも決める

多くの会社では、ブログやSNSなどの運用について社内向けに「ソーシャルメディア利用ガイドライン」などの文書にてルールを定めています。この文書には、社員がソーシャルメディアを使用するときの運用体制や投稿内容について書かれており、**組織としての発信だけでなく個人での発信についても決められています。**

もちろん、個人での発信については止めることはできませんが、組織としての発信ではなく個人の感想であることを明示して投稿するように定めている組織もあります。

また、**社外向けに「ソーシャルメディア運用ポリシー」などを定めている組織もあります**。基本方針だけでなく、上記のガイドラインで定めたような具体的な使い方や免責事項が書かれています。組織によっては、SNS経由での返信や質問には応答しないものとし、問い合わせなどは公式サイトの問い合わせフォームなどを使用するように案内することがあります。

投稿内容を精査する

組織として投稿する場合には、投稿する前に複数の担当者で確認するような運用をしていることもあります。不適切な投稿を防ぐだけでなく、特定の担当者に負荷や責任がかかることを避ける意図もあります。

ただし、複数人で運用するときはルールを決めておかないと、担当者によって投稿するクオリティが変わってしまいます。そこで、投稿頻度や内容、画像の有無などを決めておきます。

このとき、あまり細かくしすぎると、投稿するハードルが高くなり、有用な情報も発信できなくなる可能性がありますので、組織の特性に合わせてルールを定めることが大切です。

さらに強固にするワザ

SNSやブログを担当者だけでなく多くの社員が使うことを考えると、モラル教育を定期的に実施します。年に1回程度でも、世の中でどういった使い方をされているのか、そしてどういった投稿が問題になっているのかを知る機会を作ります。

重要度 >> ★★★★★

CASE 30 退職した社員がファイルに不正アクセスした

共有アカウントの禁止、パスワードの変更

- □ **複数人で1つのアカウントを共有している**
- □ **退職時にパスワードを変更していない**
- □ **アカウントの使用状況を確認していない**

基本知識を身につけよう

退職者のアカウントが停止されないケースとは?

社員が退職したあとも、その社員が使用していたアカウントのパスワードを変更しなかったため、退職したあともその社員がインターネット経由でアクセスし続けられた事例です。

通常は社員が退職すると、使用していたパソコンはログインできない状態になり、メールなどのアカウントも停止されます。社内システムなども、それまで担当していた業務を他の人に引き継ぐことで、アカウントを停止しても問題ないはずです。

しかし、業務内容によっては退職者のアカウントを停止できないものがあります。例えば、部署や業務で1つのアカウントを作成し、そのアカウントを複数人で共有している場合です。その業務に関わっている全員がパスワードを知っており、そのパスワードでログインしています。このような共有アカウントの使用を禁止している会社も多いものですが、どうしても1つのアカウントを共有せざるを得ない場合があります。

例えば、会社のホームページを運営している広報のような部署を考えてみましょう。Webサイトの公開にレンタルサーバーを使用していると、そのWebサイトの内容を更新するために、「FTP」という方法を使うことがあります。安価なレンタルサーバーでは、FTPのアカウントとして、管理者のアカウントが会社に1つしか付与されないことがあります。つまり、複数の広報担当者がいても、アカウントは1つしかなく、それを共有するしかありません。

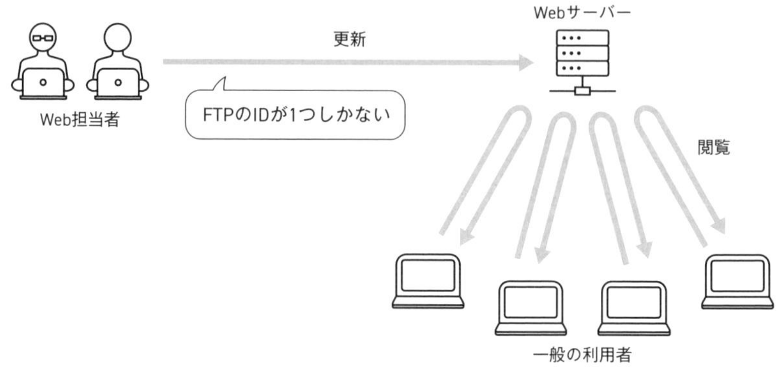

SNSのアカウントも同じです。会社や部署で公式アカウントを作成したとき、そのアカウントを複数人で運用するときは、複数のメンバーが1つのアカウントでIDとパスワードを共有するしかありません。

こういったアカウントは、**担当者が変更になったときにパスワードを変更していないと、異動や退職があっても、前任者がアクセスできてしまう**のです。

解決策

アカウントは1人1つが原則

組織としてアカウントを付与するときは、1人に1つずつアカウントを作成することが基本です。つまり、**1つのアカウントを複数の人で共有しないことが原則だといえます**。

しかし、上記のようにどうしても1つのアカウントを複数人で管理せざるを得ない状況があります。このような共有アカウントについては誰が使用しているのかを把握しておき、異動や退職によって担当者が変更になった場合は、そのアカウントのパスワードを必ず変更します。

さらに強固にするワザ

共有アカウントがあっても、日常的に使わなければならないことはそれほど多くありません。FTPでWebサイトを更新するのであれば、更新するときだけアクセスできれば問題ないでしょう。

そこで、共有アカウントを使いたいときに、「貸出申請」を提出し、それを承認する方法がよく使われます。共有アカウントを管理する部署を設け、あるアカウントを使いたい場合には、その都度申請することで一時的にアクセスできるようにする方法です。

例えば、共有アカウントにアクセスできないように、管理者しか知らないパスワードを設定しておきます。そして、担当者が更新などの作業をするときは、そのアカウントにログインするために一時的にパスワードを割り当てて、作業が終わったら変更します。これにより、共有アカウントを管理する部署の担当者以外には、毎回の申請によってパスワードが付与されるため、異動や退職による影響を受けません。

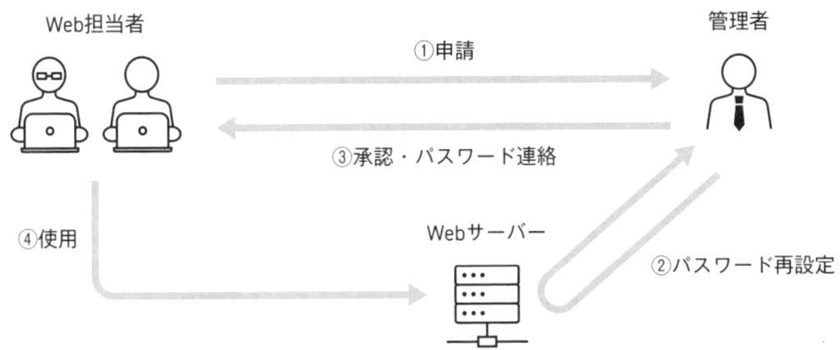

また、「いつ」「誰が」「何のために」使うのかを申請し、管理する部署の担当者が承認することで、申請の記録が残るため、問題が発生したときにその原因を調査しやすいことも特徴です。

共有アカウントを管理する部署の管理者には負担になりますし、利用者にとっても申請が面倒になりますが、組織としてアカウントを管理できます。

重要度 >> ★★☆☆☆

CASE 31

共有ファイルが不特定多数に共有されていた

ファイル共有ソフトの使用禁止

チェックがついたら要注意

- □ **P2P型のファイル共有ソフトを使用している**
- □ **ファイル共有ソフトの仕組みを理解できていない**
- □ **一般的に使われないポート番号で通信できるようになっている**

基本知識を身につけよう

P2P型のファイル共有ソフトのメリット

ファイルのダウンロードに、P2P型のファイル共有ソフトを使用したために、機密情報のファイルをアップロードしてしまった事例です。

インターネット上からファイルを取得するとき、公式サイトからのダウンロードが基本です。しかし、多くの人が利用するサイトや、大容量のファイルを提供しているサイトでは、アクセスが集中するとダウンロードに時間がかかったり、通信エラーにより失敗したりします。

そこで、P2P型のファイル共有ソフトを使う方法があります。特定のサーバーではなく、**世界中に分散されているコンピュータを使うため、サーバーの負荷やネットワーク環境の影響を最小限に抑えられます。**

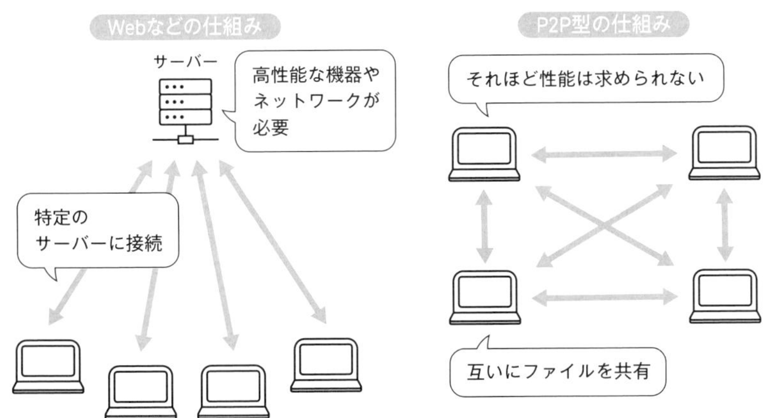

このようなP2P 型のファイル共有ソフトとして、一昔前にはWinnyやShareといったソフトウェアが話題になりました。このようなソフトウェアが作るネットワークには違法なファイルが多くアップロードされていたり、ウイルスなどが配布されたりして、問題になったことを覚えている人も多いでしょう。

一方で、「Torrent」という仕組みを使った「BitTorrent」などのサービスを現在も使っている人がいます。P2P型ではあるものの、どのIPアドレスの端末がどのファイルを所持・提供しているかを閲覧できるなどの背景があり、違法なファイルが少ないことが特徴で、Linuxなど大容量のファイルを配布するために使われることがあるのです。

ファイルが複数のコンピュータに分割されて保存されており、人気のものは多くのコンピュータに保存されているため、短時間でダウンロードできる可能性があります。多くのコンピュータから分割して受信できるので、数十GBといった大きなファイルをダウンロードする場合には有効な方法だといえます。

自分のパソコンデータを見られる危険性

このようなP2P型のファイル共有ソフトで他のコンピュータからダウンロードするには、**自分のコンピュータもそのサービスの提供者側として他者のダウンロードに協力する必要がある（自身が保持しているデータをアップロードしなければならない）のです。**いったんファイルをアップロードしてしまうと、複数のコンピュータが同じファイルを持つことになります。

こうなると、もし会社の機密情報などをアップロードしたら、それを消すことは事実上不可能だといえます。特定のコンピュータに保存されているのであれば、それを削除すればよいのですが、BitTorrentなどのサービスでは、ネットワーク上の複数のコンピュータに分割されて保存されてしまいます。このため、すべてのコンピュータから削除することはできないのです。

解決策

P2P型のファイル共有ソフトは絶対に使わない

仕事で使うコンピュータでは、P2P型のファイル共有ソフトは使わないように徹底します。一般的に、組織で管理しているコンピュータについては勝手にソフトウェアをインストールできないようにしていることが多いものですが、特にこういったソフトウェアは禁止するように設定します。

また、技術的に対策するだけでなく、社内でのルールとして禁止している組織もあります。

自宅で使う個人のパソコンでも、P2P型のファイル共有ソフトを使わないよう社員に指示している会社も多くあります。これは、私物のパソコンであっても、過去に業務で使ったファイルが保存されている可能性があることや、勝手にダウンロードしたファイルが著作権を侵害している可能性があることなどが背景にあります。

さらに強固にするワザ

P2P型のファイル共有ソフトは、一般的なプログラムが使うポート番号*とは異なる番号を使って通信します。このため、会社のファイアウォールなどでは、ファイル共有ソフトが通信できないように、ポート番号で制限する方法も使われます。

＊ポート番号：コンピュータ内で動作している複数のサービスを識別するためにIPアドレスとは別に指定する番号

重要度 >> ★★★★★

CASE 32 仕事が終わらず、自宅で作業を続けようと個人のメールに送ってしまった

☞ 業務体制の見直し

チェックがついたら要注意

- □ 仕事が終わらないと自宅で作業をしている
- □ 自宅のメールアドレスに仕事で使うファイルを送っている
- □ 人員不足などが常態化している

基本知識を身につけよう

勤務時間外に作業するのはなぜいけないの?

仕事が終わらなかったため、残りの作業を自宅で進めようと個人のメールアドレスに送信したところ、宛先のメールアドレスを間違えて他人に送信してしまった事例です。そもそも、普段から業務時間外に作業をすることも問題ですし、メールを自宅に送信していることも問題となったものです。

業務が忙しくなると、残業をしても終わらない場合があります。このようなとき、残業するだけでなく、自宅にファイルを送っておいて自宅で作業をしようと考える人がいます。

自宅で作業をすることは、一時的なトラブルなどの場合では解決策となる可能性はありますが、恒常化すると問題になります。会社としても勤怠状況を把握できず、サービス残業と呼ばれる状態です。本人の体調管理にも問題が出る可能性がありますし、問題なく業務を継続できてしまうと、人員の補充すら検討できません。また、人事異動や退職などによって業務を引き継いだときに、後任の担当者にもしわ寄せが出てしまいます。

情報管理の視点で見ても問題だらけ

自宅で仕事をするとなると、必要なデータを自宅に持ち帰らなければなりません。このとき、パソコンやUSBメモリを持ち帰る、電子メールで自宅のメールアドレスに送信する、ファイル共有サービスを使う、などの方法がありますが、いずれにしても情報管理の観点で問題があります。

パソコンやUSBメモリを使うとCASE21や22で解説した紛失の問題がありますし、電子メールで送信するとCASE10で解説した誤送信の問題があります。ファイル共有サービスを使った場合でも、CASE16で解説した共有設定の問題があります。

紛失や誤送信などがなくても、自宅のパソコンで仕事をすると、自宅パソコンに仕事のデータが残ってしまいます。このパソコンを家族が使うと、その家族が情報を閲覧できてしまいます。また、ウイルス対策ソフトが最新の状態に更新されていなければ、マルウェアに感染してしまった場合に仕事のデータも含めて外部に送信してしまう可能性があります。

解決策

時間外労働は必ず申告する

業務時間内に仕事が終わらないような状況が発生するのであれば、業務内容を見直したり、業務体制を変更したりすることが必要です。システム化や業務の効率化によって、残業を削減することができれば、モチベーションが上がることも期待できるでしょう。

どうしても持ち帰って残業をしなければならない場合は、上司に労働時間について申告します。自宅に仕事を持ち帰る際には、メールでファイルを送信するのではなく、ファイル共有サービスなどを使いましょう。

Column 情報漏えいが起きたときの影響

情報漏えいが起きると、ニュースとして取り上げられ、その組織の信用が失墜しますが、そのほかにどのような影響があるのかを知っておきましょう。

・損害賠償を請求されるなどの民事上のリスク

漏えいしたものが顧客情報であれば、顧客から損害賠償責任を追及される可能性があります。1件ごとの賠償請求額などについては、漏えいした内容やその影響によってさまざまです。漏えいした情報にセンシティブな内容が含まれている、漏えいした住所にDMが送付される、メールアドレスに対して迷惑メールが送付されるなど、被害の内容によっては金額が大きくなり、大量の個人情報が漏えいすると、莫大な損害賠償責任を負う可能性があります。

・行政から是正勧告を受けたり、刑事罰を受けたりするリスク

個人情報保護法では、組織に安全管理措置を求めています。この安全管理措置として、社員の教育や委託先の監督が実施されていない場合、行政機関から是正勧告や命令を受ける可能性があります（個人情報保護法148条）。

また、行政機関からの命令に違反すると、懲役や罰金といった刑事罰を受ける可能性もあります。

・事後対応の発生など社内のモチベーション低下のリスク

顧客からの問い合わせへの対応などが発生すると、業務が一時的にストップします。業務の見直しなども発生し、これまで通りに仕事を進められなくなることから、業務効率が悪化し、社内のモチベーションが低下する可能性もあります。

さらに強固にするワザ

持ち帰って残業をするのであれば、セキュリティリスクを検討してテレワークの環境を構築します。シンクライアント端末を導入し、自宅から会社のパソコンに接続して使用するように工夫することで、自宅にデータを持ち帰ることなく仕事ができるかもしれません。

Skill Up Quiz ④

Q1 情報の不正な持ち出しのリスクを抑えるために実施する対策として正しくないものはどれですか？

①ログの監視を強化し、持ち出したことがわかるようにする

②入社時に誓約書を提出させることで、弁明をさせないようにする

③アクセス権限を強化し、重要なデータにアクセスできる人を減らす

④機密文書について、極秘・社外秘といった分類をやめ、どれが重要なデータかわからなくする

Q2 個人が所有するIT機器を仕事で使うことを意味する言葉として正しいものはどれですか？

①Beyond 5G

②BYOD

③MDM

④MITM

Q3 フォレンジックという言葉が指す内容として正しいものはどれですか？

①コンピュータに残された記録を分析し、攻撃の痕跡などを調べること

②コンピュータの写真を撮影し、専門家に共有すること

③紛失したスマートフォンを離れた場所から探すこと

④ログイン中の利用者の情報を一覧にして表示すること

Q4 共有アカウントが使われる理由として正しいものはどれですか？

①個別にアカウントを作成するよりもライセンスのコストを下げられるため

②アカウントを誰が使用したのかを確認できるため

③パスワードを定期的に変更する必要がなくなるため

④すべてのユーザーが同じ権限を持ち、管理が容易になるため

Q1 ④　Q2 ②　Q3 ①　Q4 ①

Chapter

5

日常生活での不安への対策

アクセスキー　r
（小文字のアール）

重要度 >> ★★★★★

CASE 33

アクセスしたWebサイトが偽サイトだった

☞ URLの確認、お気に入りの使用

チェックがついたら要注意

- □ メールに記載されたリンクをクリックして開いている
- □ 開いたWebサイトのURLを確認していない
- □ パスワード管理ソフトを使っていない

基本知識を身につけよう

IDやパスワードを入力させるフィッシング詐欺

メールで届いたリンクをクリックし、開いたサイトにIDやパスワードを入力したためにパスワードを悪意のある第三者に知られてしまい、ショッピングサイトで勝手に商品を購入された事例です。

ショッピングサイトやオンラインバンク、SNSなどを利用するときは、それぞれのサイトで会員登録します。付与されたIDとパスワードを入力することで、次回以降もログインできます。メールアドレスを登録しておけば、さまざまな情報をメールで受け取ることができます。

これは便利な一方で、利用者が多いサービスでは、そのサービスになりすましたメールが送られてくることがあります。そして、そのメールに書かれたURLは偽サイトのものなのです。

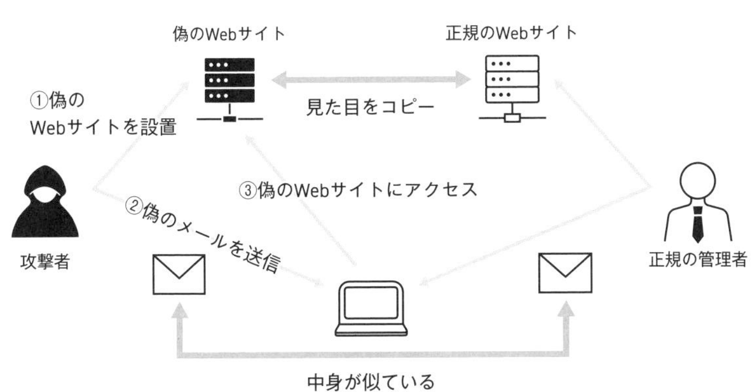

Chapter5
日常生活での不安への対策

そして、その偽サイトにアクセスしたときにログインIDやパスワードを入力してしまうと、悪意のある第三者にパスワードが漏れてしまいます。このような手法は「フィッシング詐欺」と呼ばれています。

フィッシング詐欺は変化している

従来のフィッシング詐欺といえば、金融機関やクレジットカード会社などを装ったものが多くありました。 しかし、近年ではこういったお金を扱うWebサイトだけでなく、ショッピングサイトなど商品を購入するWebサイト、携帯電話会社のWebサイトやSNSなどを装ったものも増えています。そして、そのメールの文面も巧妙になっています。

今回の例は、「アカウントを停止した」というように利用者の不安をあおる内容でした。アカウントを停止されると困るため、本文中に書かれているリンクから内容を確認しようとすると、ログイン画面が表示されます。そして、この画面でログインIDやパスワードを入力させて、それらを盗み出す手口です。

ショッピングサイトであれば、そのWebサイトの中で商品が購入されることにより金銭的な被害が発生します。SNSであれば、勝手に本人になりすまして投稿されます。同じIDやパスワードを使い回していると、その他のWebサイトも乗っ取られる可能性があるのです。

解決策

メールのリンク以外からアクセスする

差出人の名前を見れば偽者だと判断できると思う人がいるかもしれません。**しかし、メールでは差出人の名前だけでなくメールアドレスも簡**

単に偽装できます。つまり、メールの差出人の欄を見ても、正規の差出人から送信されたメールであることを見抜くことは多くの人にとって難しいものです。

その他の対策として、本文中のリンクが正規のURLであることを確認する方法もあります。しかし、正規のURLを覚えていない可能性もありますし、正規のURLと似たようなドメインを使われると、偽サイトであることを判断することも難しいでしょう。

そこで、「メールに記載されたリンクはクリックしない」という対応が考えられます。会員登録しているサービスの場合は、Webブラウザのお気に入り（ブックマーク）機能に登録しておきます。**届いたメールに書かれたリンクをクリックするのではなく、お気に入りからアクセスするように習慣付けます。**これにより、偽のサイトにアクセスすることはなくなります。

なお、一昔前まではURLが「https://」で始まっているか（南京錠のマークが表示されているか）などを確認していましたが、最近ではフィッシング詐欺のサイトでも暗号化通信に対応しているものが多く、ここを見るだけでは正規のサイトかどうか判断できなくなっています。

さらに強固にするワザ

複数のWebサイトのパスワードを管理できる「パスワード管理ソフト」を使う方法もあります。パスワード管理ソフトを使っていると、ログイン画面が表示されたときに、そのWebサイトのドメイン部分に応じて、そのWebサイトで登録したパスワードを自動的に入力してくれます。

普段からパスワード管理ソフトを使って入力するようにしておくと、偽サイトにアクセスした場合は正規のドメインと異なるため、パスワードが入力されません。これにより、正規のサイトではないと判断できます。

重要度 >> ★★★☆☆

CASE 34 業務に関連するメールに返信したら、次に受け取ったメールからマルウェアに感染した

差出人の偽装の確認

チェックがついたら要注意

- □ 新しい連絡先からのメールを積極的に開いている
- □ メールが届くと添付ファイルを開いている
- □ 添付ファイルにマクロがあっても実行している

基本知識を身につけよう

特定の組織を狙うわかりにくい手口もある

自社のWebサイトなどで従業員の新規採用について掲載していたところ、そこに応募するメールを装ったものが届き、添付ファイルを開いたところ、マルウェアに感染した事例です。

メールを使っていると、ときどき心当たりのないメールが届くことがあります。英語のメールや、日本語でもたどたどしい内容のメールが届くと、多くの人は怪しいメールだと判断できます。

しかし、日本語として問題なく、業務に関連する内容であれば、そのメールに返信しなければなりません。例えば、採用に応募したいという内容のメールであれば履歴書を送ってもらう必要がありますし、製品に関するクレームであれば対応する必要があります。

このとき、ファイルが添付されていると開かざるを得ません。採用に関するメールであれば履歴書、クレームに関するメールであれば関連する写真などが考えられます。もし添付ファイルがマルウェアなら、開いたパソコンがマルウェアに感染してしまうのです。

このように、特定の組織を狙って、その組織が普段使うようなやりとりで信じさせる攻撃は「標的型攻撃」と呼ばれています。

ウイルス対策ソフトで防げないの?

マルウェアが添付されていても、多くのパソコンにはウイルス対策ソフトが導入されています。このため、添付ファイルを開く前に、ウイルス対策ソフトでチェックすればよいと考えるかもしれません。

一般的なマルウェアであれば、ウイルス対策ソフトで検出できます。しかし、標的型攻撃では相手のことを調べて攻撃してきます。もしかすると、使用しているウイルス対策ソフトの種類やバージョンなども把握しているかもしれません。

攻撃者にそのウイルス対策ソフトで検出できないような新種のマルウェアを使われた場合、ウイルス対策ソフトを導入していても、防げない可能性があるのです。

執拗に繰り返す攻撃者もいる

標的型攻撃も一度だけであれば、普段と違う内容に気づいて対応できるかもしれません。しかし、攻撃者はさまざまな方法を組み合わせて何度も攻撃を仕掛けてくる可能性があります。

これはAPT(Advanced Persistent Threat)攻撃(持続的標的型攻撃)と呼ばれています。名前の通り、**高度な手法を組み合わせて、持続的に脅威となる攻撃手法で、比較的長期間にわたって繰り返し攻撃されます。**

解決策

添付ファイルに着目する

一般的な利用者が、このような攻撃に気づくことは難しいものです。

差出人の欄が偽装されており、ウイルス対策ソフトでも検出できないとなると、それが正規のメールなのか攻撃メールなのか判断できません。

現実的な対策として、添付ファイルの内容に応じて以下のような対策を実施します。

- Excelファイルであればマクロ機能を有効にしない
- 実行ファイル（拡張子がexe、vbs、wshなど）であれば開かない
- PDFファイルであればスクリプトを無効にしておく

影響を最小限にする

採用などの業務であれば、外部とメールでやりとりする端末はネットワークを分けておくことも1つの対策です。マルウェアに感染することを前提として、感染してもその影響が周りのコンピュータに広がらないようにするのです。

このように、感染などの被害があったとしても、その影響を最小限に抑えることを考えます。

さらに強固にするワザ

メールの差出人を偽装されると、差出人の欄を見るだけでは判断できないことを解説しました。しかし、メールにはヘッダと呼ばれる部分があり、この部分には経由してきたメールサーバーの情報が記録されています。これは偽装できないため、普段からやりとりしている相手であれば、メールのヘッダ部分を見ることで偽のメールだと判断できます。

メールソフトによってヘッダ部分の表示方法は異なりますが、ここを確認すれば偽装に気づける可能性があります。

CASE 35

SMSから宅配便のサイトにアクセスしたら勝手に集荷を依頼された

☞ スミッシングへの注意

チェックがついたら要注意

- □ SMSに記載されたリンクを開いている
- □ URLを確認せずにIDやパスワードを入力している
- □ 宅配便などで電話番号を記入している

基本知識を身につけよう

SMSで詐欺メッセージを送りつけるスミッシング

宅配業者からSMS（ショートメッセージ）が届き、そのSMSに書かれているリンクをクリックするとログイン画面が表示され、再配達を依頼しようとしたところ、IDやパスワードが盗まれた事例です。

前述のフィッシング詐欺の例は、受信メールに記載されているリンクをクリックして偽サイトにアクセスしていました。このため、メールに記載されているリンクはクリックしない、という対策を解説しました。

ところが、最近ではメール以外の方法で偽サイトに誘導する方法が増えています。その代表的な例が、携帯電話の番号がわかれば送信できるSMSです。このように、SMSを使ったフィッシング詐欺のことを「スミッシング」といいます。

フィッシングメールを送信するには、相手のメールアドレスを知る必要があります。企業の問い合わせ窓口であればWebサイトから収集できますが、一般的な利用者が使うようなメールアドレスは予測しづらいものです。**一方、携帯電話の番号であれば、11桁の番号をランダムに入力するだけで、高い確率で実際に使われている電話番号に送信できます。**そして、メールには注意している人でも、SMSであれば安易に開いてしまうことが多いものです。

しかも、届くメッセージの内容が「宅配便のお知らせ」「携帯電話料金のお知らせ」など生活に身近なものが多いものです。

ついクリックしてしまうSMSの短縮URL

メールのように長い文面が書かれているのではなく、SMSは短い文章で届き、リンクをクリックしないと詳細がわからないため、どうしてもクリックしてしまうのです。

クリックする前にURLを見て正規のWebサイトか確認すればよいと感じるかもしれません。しかし、SMSでは文章の長さに応じて送信に費用がかかるため、正規のSMSであっても短縮URLを使っていることがあります。短縮URLは短いURLを生成するサービスで、そこにアクセスすると、自動的に正規のWebサイトにジャンプします。

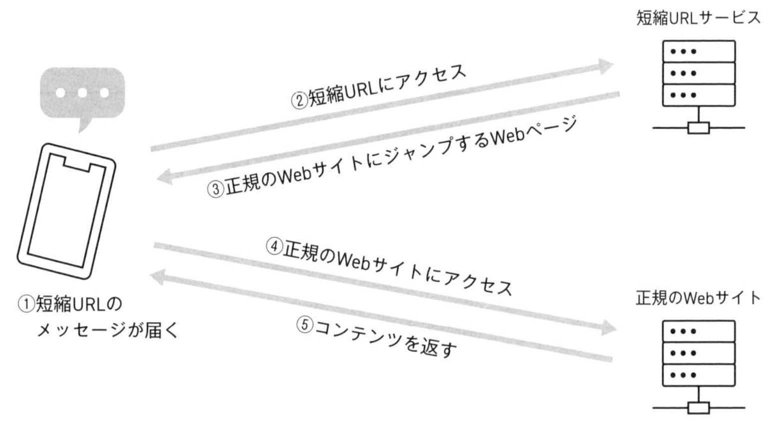

この場合、リンクをクリックしてはじめて他のURLにジャンプするため、リンクを開いてみないと正規のURLかどうかを判断できません。結果として、リンクをクリックしてしまい、その先でURLを確認することなくIDやパスワードを入力してしまう人がいるのです。

解決策

リンクはメールやSMS以外から開くのが基本

基本的な考え方はスミッシングでも通常のメールでのフィッシング詐欺と同様に、メッセージを受信してもそこに記載されているリンクをクリックしないことが大切です。また、短縮URLの場合はクリックしたとしても、その先のページでURLを確認し、偽のWebサイトでないか確認します。

宅配便や携帯電話会社などに会員登録している場合は、Webブラウザのお気に入り機能を使ってアクセスしましょう。

難しいのは、会員登録していないWebサイトです。友人を装って送信されたり、銀行など信頼できる機関を装って送信されたりすることもあるため、身に覚えがない人からのメッセージは開かないようにして、電話で確認するなどの対応が考えられます。

SMSは2段階認証などで使われることはありますが、そこにURLが書かれているものはすべて怪しいと判断するとよいでしょう。

さらに強固にするワザ

SMSが送信されることを防ぐため、電話番号をできるだけ知らせないことも大切です。

例えば、宅配便を発送するとき、記入欄に電話番号を書く欄があるため、必ず書いている人がいます。しかし、電話番号の欄への記入は必須ではなく任意です。もちろん、住所が間違っている場合や、配達で何らかのトラブルが起きたときに電話で連絡できるメリットはありますが、SMSで送信されることを防ぐ意味で、書かないようにすることも検討しましょう。

重要度 >> ★★☆☆☆

CASE 36 SNSの投稿から住所などを特定された

☞ SNSへの投稿内容の改善

情報漏えいに
ならないように
注意してね

はーい

他愛のない
呟きだから
大丈夫!

ダイレクトメッセージ

初めまして!
近くに住んでる○○です!
ぜひお友だちになってください!

チェックがついたら要注意

- □ 日々の出来事をSNSに投稿している
- □ 投稿内容に住所を特定できるような内容が含まれる
- □ リアルタイムに投稿している

基本知識を身につけよう

SNSの投稿内容からわかること

普段からSNSに投稿している内容をもとに、第三者から自宅の住所を特定された事例です。

スマートフォンの普及もあり､常にネットワークに接続できることで、手軽に情報を発信できるようになりました。それとともに、多くの人がブログやSNSを使うようになりました。生活の中で気づいたちょっとしたことを投稿するだけでなく、他の人の投稿に共感するものがあると「いいね」を押すなど、気がつくと一日中SNSを見ている人がいるかもしれません。

SNSは便利な一方で、その投稿内容には注意が必要です。例えば、都心で「雪が降ってきた」､「地震が起きた」などの天気や災害などについて、普段と変わったことがあると投稿したいものです。それぞれの投稿そのものが問題になることはあまりありませんが、こういった投稿を続けていると、**その投稿時刻や内容から、自宅の住所を特定できる可能性があります**。

例えば､「雪が降ってきた」という投稿があれば､その時間帯に雪が降っているエリアをある程度絞り込めます。また、「虹が見えた」という投稿があれば、それだけで窓の方角がわかったりします。

このように、複数の投稿内容を組み合わせると、その投稿者が普段どのようなエリアで生活しているのかがわかるのです。

自宅の住所が知られることのリスク

自宅の住所が知られても、閲覧する人が離れた場所に住んでいるのであればそれほど大きな問題はないと感じるかもしれません。

しかし、女性であればストーカーなどの被害に遭う可能性があります。また、住所と名前がわかっていれば、宅配ピザなどを勝手に注文され、それを送りつけられたりする可能性があります。

SNSで誕生日を公開していると、生年月日もわかります。**これらの情報を組み合わせると、クレジットカードの暗証番号が漏れて、不正利用されてしまう、といった可能性もあります。**

解決策

位置情報がわかる内容は時間差で投稿する

SNSなどに投稿するとき、その投稿内容から位置情報が特定できるような情報は投稿しないことも1つの対策です。雪や虹といった特徴的な天気や、祭りや交通事故などの珍しい出来事はどうしても投稿したくなりますが、住所が特定できるリスクがあることを考慮します。

このときの工夫として、すぐに投稿するのではなく、時間差をつける方法があります。数時間経過してから投稿したり、ブログなどで記事を作成してから、そのリンクをSNSに投稿したりするのです。リアルタイム性が失われると、住所を特定できる可能性が減ります。

これは旅行中の投稿でも同じです。遠方に旅行している場合、リアルタイムに投稿すると、その日は自宅に帰らないことが知られてしまいます。一人暮らしであれば、住所が知られていると、その日は自宅が無人であることが想像でき、時間をかけて侵入されるかもしれません。

炎上に注意する

一般的な利用であれば、位置情報がわかる投稿をしていてもその人を特定しようという行動は起こりません。しかし、以下のような不謹慎な投稿をすると、批判や誹謗中傷などが殺到し、「炎上」と呼ばれる状態になります。

不謹慎な投稿の例

- 社会倫理に反した発言、不適切な内容の投稿
- 虚偽の情報
- 他人の投稿の盗用
- 他者の批判
- 自作自演、ステルスマーケティング
- 時勢を踏まえない発言

炎上が発生すると、その火種となった投稿だけでなく、過去の投稿内容までさかのぼって調べられます。結果として、その投稿主の身元を調べようとする人が増え、個人が特定されるとそれがさらにインターネット上で拡散されます。一度掲載されるとあとから削除することは難しいため、自分の名前や経歴、写真、住所などが永遠に残り続けることになります。

さらに強固にするワザ

企業によっては、不適切な投稿があってもすぐに気づけるように、SNSなどの投稿を監視するサービスに契約している場合もあります。炎上が発生したときにいち早く気づくだけでなく、平常時から監視しておくことで、炎上しないように削除を呼びかけることもできます。

重要度 >> ★★★★★

CASE 37 写真をSNSにアップしたら、自宅が特定された

☞ 写真の背景の調整

1か月後……

ダイレクトメッセージ

初めまして!
近くに住んでる○○です!
ぜひお友だちになってください!

チェックがついたら要注意

- □ SNSに写真を投稿している
- □ 写真の背景などを意識していない
- □ カメラアプリのGPSをオンにしている

基本知識を身につけよう

1つの写真に詰まっている情報

SNSに写真を投稿していたところ、そこに写っていた内容から自宅の住所が特定されてしまった事例です。

前項では、SNSに投稿した文章の内容によって、自宅の住所が特定される例について紹介しました。しかし、文章以外にも、場所が特定されてしまう例があります。

その代表的なものが写真です。最近はスマートフォンのカメラアプリで撮影した写真を投稿することが増えていますが、**このような写真には「EXIF」という形式でさまざまな項目が記録されています。**

EXIFには、撮影に使ったカメラのメーカー名や機種名、撮影日時や撮影の設定（ISO感度や露出、焦点距離など）だけでなく、撮影場所の位置情報（緯度や経度）などがあります。

多くのSNSでは投稿時にEXIFから位置情報が削除されますが、自分でWebサイトを作成していてそこにアップロードする場合や、一部のブログサービスなどでは削除されません。投稿されている写真をダウンロードすると撮影した場所がわかってしまうのです。

撮影された内容からの特定

EXIFから位置情報が削除されていたとしても、写真に写っている内容から撮影場所を特定できる可能性があります。例えば、背景に見える建物、地域限定の商品、眼鏡に反射しているものなどを組み合わせると、地域を絞り込める可能性があるのです。

最近はカメラの性能が上がっているため、スマートフォンの画面で普通に閲覧しているだけでは気づかないような小さな文字でも、画面内で写真の拡大や、パソコンのような大画面での表示などにより、その文字を読めることをCASE29でも紹介しました。

さらに、AIが進化しているため、画質が悪くて人間が文字を判断できないような写真でも、その文字を特定できる可能性があるのです。

投稿者は「人が少ない街だし知り合いが見ることはない」と思っていても、インターネットにはあらゆる場所からアクセスできます。このため、その地域に詳しい人や、行ったことがある人がいると、その写真を見るだけで場所が判明したりするのです。

動画には特に注意

最近では、ネットワークが高速になり、ストレージの容量が増えたこともあり、動画を投稿する人も増えています。動画が中心のSNSもありますし、アップロードするだけでなく閲覧する人も多いものです。

動画では写真よりも情報が多く、近くを走る電車の音や選挙カーの声、救急車や消防車のサイレンなど、さまざまな音を組み合わせると高い精度で場所を特定できる可能性があります。

解決策

投稿前にEXIFの情報を削除する

多くのSNSでは投稿時に自動的にEXIFから位置情報を削除していますが、削除されないサービスもあります。このため、撮影場所の位置情報が残ると困る場合は、投稿前に削除しておくとよいでしょう。

最近のiPhoneでは、標準の写真アプリでもEXIFの情報を編集して削除できますし、Androidでもさまざまなアプリが提供されています。パソコンを使って削除してもよいでしょう。

写真に写り込んでいる内容を加工する

写真に人物の顔が写っているときに、その部分をマスクしてから投稿している人もいるでしょう。これと同じように、写真に写っている内容から位置を特定されそうな部分を加工する方法が考えられます。

例えば、電柱が写っていればその住所部分を隠す、特徴的な建物が写っていればそれを加工する方法が考えられます。

さらに強固にするワザ

写真に位置情報を記録しないために、GPSをオフにするのも1つの対策です。アプリごとにGPSを使うかどうかを制御できるため、地図アプリではオンにして、カメラアプリではオフにするとよいでしょう。

友だちから届いたURLのせいで SNSアカウントを乗っ取られた

怪しいメッセージへの注意

ダイレクトメッセージ

お久しぶりです！
元気ですか？

元気ですよ！
いつも投稿見てます

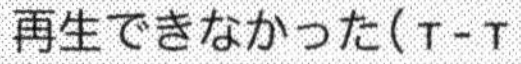

ごめん！乗っ取られたみたい・・・
気をつけて！

友人が乗っ取られていて、私もパスワードを入力しちゃいました……

チェックがついたら要注意

- □ SNSで友人からのメッセージを開いている
- □ メッセージの中のリンクを開いている
- □ リンクを開いたときにURLをチェックしていない

基本知識を身につけよう

友人からだとつい開いてしまうSNSのなりすまし

SNSで連絡を取り合っている友人から送信されたメッセージをクリックしてIDやパスワードを入力したために、SNSのアカウントを乗っ取られた事例です。このとき、その友人もすでにIDやパスワードが盗まれており、なりすましてメッセージが送信されていたものです。

フィッシング詐欺で送信されるメールの多くは企業などを名乗っているため、無視している人もいます。一方で、無視できないのが友人からの連絡です。しかも、最近ではメールでの連絡ではなく、SNSのDM機能やチャットサービスを使って連絡を取り合っている人も多いでしょう。

チャット形式でのやりとりはメールのような挨拶が不要で、気軽に使えるため便利ですが、友人からの連絡であれば気軽にリンクをクリックする人も少なくありません。もちろん、多くの場合はクリックしても問題ないのですが、普段と異なる内容であれば本当に友人が送信したものであるかについては少し意識する必要があります。

それは、友人のアカウントが乗っ取られている可能性です。友人のアカウントのIDやパスワードが漏れたことで、第三者が友人になりすましてメッセージを送信している可能性があるのです。

この場合、送信されたメッセージに記載されているリンクをクリックすると、偽サイトを開く可能性があります。そして、そこでIDやパスワードを入力してしまうと、その情報が盗まれます。

どんな投稿が多いのか

友人からの投稿といっても、怪しい内容であればわかると感じるかもしれません。しかし、SNSでは通常のフィッシング詐欺のメールとは少し雰囲気が異なる内容が使われます。

私のところに届いたものを見ると、動画が多いように感じます。例えば、次の図のように「これを見て」といわれて動画が届くと再生しようとしてしまいそうです。

このリンクをクリックするとすぐに動画が再生されるのではなく、SNSのIDやパスワードの入力を求めるWebページが表示されるのです。これが偽のWebサイトであり、ログインしようとしてIDやパスワードを入力すると、その情報が盗まれてしまいます。

解決策

普段からできるだけやりとりしておく

友人からのメッセージであっても、それが本当にその友人からのメッセージなのかを考えます。普段からやりとりしていると、メッセージの内容を見て明らかにおかしな文面であることに気づけるかもしれません。

しかし、普段からやりとりしていない相手からメッセージが送信されてくると、それが本物なのか怪しいものなのか気づくのは難しいものです。特に、会ったことがない人とのやりとりでは判断できません。このため、会ったことがない人と安易にSNSだけで友人になることは避けた方がよいでしょう。

ただし、仲のよい友人であっても、短い文面だとそれに気づけない可能性もあります。例えば､「今忙しい？」というメッセージが届くと､「大丈夫です」などと返信してしまう可能性があります。

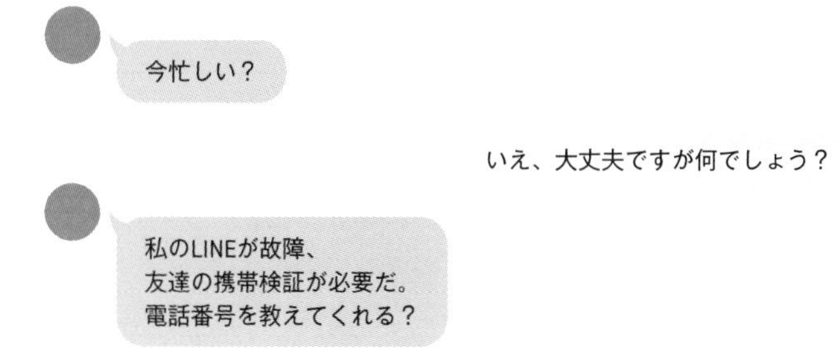

もちろん、こういったメッセージを返すだけであれば問題ありませんし、続くメッセージによって気づける可能性はありますが、相手がどのような人なのか知っておくことは大切です。

さらに強固にするワザ

最近はSNSだけで連絡を取り合う人が増えていますが、それだけでは上記のようなトラブルが起きたときに連絡の手段がなくなってしまいます。このため、電話やメール、郵便など他の手段でも連絡をとれるようにしておきましょう。

そして、怪しいメッセージが送信されてきたときは、それを他の手段で伝えて､アカウントを乗っ取られていないか確認するとよいでしょう。

重要度 >> ★☆☆☆☆

アカウントを作成していないSNSに自分の名前がある

なりすまし防止のためのアカウント作成

新商品のお知らせです

あっ
あの会社で
新商品が出るんだ

あの会社のSNS
見ました? 新商品が
出るらしいですよ!

SNSで発表する
時代なんだね

へ〜

新サービスを
リリースしました

この会社もSNSで
発表してる!

……あれ? うちの
会社のSNS?

新ビジネスの
お知らせ

うちの会社もSNSを
開設したんですね!
誰が担当なんでしょうか?

えっ? 広報担当者に
聞いてみるよ……

会社のSNSは
誰が管理してるの?

えっ?

知りませんよ……
公式では
作ってないはずです

公式サイト

なりすましアカウントについて

SNSにて弊社を騙るアカウントが
さまざまな投稿をしていますが、弊社とは
関係がありません。
然るべき措置を検討しています……

チェックがついたら要注意

- □ SNSに組織のアカウントを作成していない
- □ 過去に使用していたアカウントを削除した
- □ 複数のSNSで同じハンドルネームを使っていない

基本知識を身につけよう

アカウントを作らないリスク

アカウントを作成していないはずのSNSなのに、他人が勝手に自分の名前でアカウントを作成し、なりすまして投稿していた事例です。悪質な内容の投稿をされると、問い合わせやクレームが殺到する可能性があります。

SNSは便利な一方で、「乗っ取られるかもしれない」「他の人の投稿が気になって仕事が手につかない」「時間を無駄にしてしまう」などの理由でアカウントを作らない人もいます。

アカウントを作らなければ、アカウントを乗っ取られることもないため、セキュリティ面では安心だと感じるかもしれませんが、リスクはそれだけではありません。

SNSでは好きな名前でアカウントを開設できます。つまり、アカウントを作っていないということは、その名前のアカウントが存在しないことを意味します。そして、アカウントは誰でも開設できます。

個人の名前であれば、同姓同名もありますし、有名人でなければ大きな問題にならないかもしれません。しかし、**企業であれば、同じ名前で勝手にアカウントを作成され、デマのような情報を発信されてしまうと、利用者はそれが偽のアカウントなのかどうか判断できません。**

結果として、偽のアカウントによって情報を発信され、会社の信用を失う可能性があるのです。

使用済みのアカウントの再利用

使用していたアカウントを削除したために、そのアカウントを他の人に使われて、なりすまされる例もあります。これはTwitterなどのSNSだけでなく、ドメイン名も同じです。

特にドメインについては、「中古ドメイン」として売買の対象になっています。しばらく運用されていたドメインは、多くのWebサイトからリンクされていることから、検索結果の上位に表示される可能性が高く、価値があると判断されるのです。

特に自治体が期間限定で運用していたようなドメインは、フィッシング詐欺などに悪用される可能性があります。過去に運用されていたWebサイトのコピーを取得されていると、偽サイトを簡単に作成できます。そのうえで、メールアドレスを作成し、そこからメールを送信されると、受け取った側が偽物なのかどうか判断することは困難です。

解決策

公式のアカウントであることを明示する

SNSで情報を発信しない場合も、アカウントを作成しておくことは有効です。そして、企業であれば公式サイトなどから、そのアカウントに対してリンクしておき、公式のアカウントであることを明示しておきます。

これにより、偽のアカウントが作成されることを防ぎ、似たような名前でアカウントを作成された場合には、利用者に対して注意喚起をすることもできます。また、問い合わせやクレームに対しても、自社と無関係であることを説明できます。

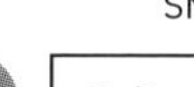

アカウントは削除しない

　他の人にアカウントを使われることがないように、一度作成したアカウントは、削除しないようにします。SNSなどの場合は無料で保持できることが多いため、**複雑なパスワードを設定し、アカウントを閉鎖したことを投稿したうえで、それ以降は投稿しない**ようにします。

　ドメイン名については、会社名の「.co.jp」や政府組織の「.go.jp」のようなドメインであれば、簡単には取得できないため、削除しても問題ありません。しかし、サービス名などで使われる「.com」や「.net」といったドメイン名は誰でも取得できるため、基本的には削除しないようにします。年間数千円程度のコストがかかりますが、それを払い続ける覚悟を持って取得するようにします。

さらに強固にするワザ

**　企業に限らず個人でもアカウントを作成するとよいでしょう。このとき、自分であることがわかるように、オリジナルのハンドルネームなどを作成しておくとわかりやすいものです。そして、そのハンドルネームでさまざまなSNSにアカウントを作ると、公式サイトがなくてもSNS間でリンクすれば本人であることを他の利用者にアピールできます。**

重要度 >> ★★☆☆☆

CASE 40

偽サイトにつながるQRコードが出回った

サイトのURL確認

公式サイト

偽のパンフレットについて

弊社のパンフレットを装ったものが
配布されているようです。
QRコードを読み込まないように
してください……

- □ QRコードがあればスマートフォンで読み取っている
- □ 開いたURLを確認していない
- □ 正規のURLを調べていない

基本知識を身につけよう

QRコードの特徴

パンフレットや名刺にQRコード*を記載していたが、偽のパンフレットが作成されており、そのQRコードを読み取ると偽のWebサイトにアクセスするように設定されていた事例です。

パンフレットやチラシに会社の情報を記載したり、イベントの宣伝をしたりするときには、URLを記載するだけでなく、QRコードも載せることが多くなりました。

QRコードは「2次元バーコード」とも呼ばれ、平面上に縦横に白と黒の点を並べたものです。これまでのバーコードは線の幅や間隔で表現していましたが、**2次元に並べることで格納できるデータ量が大幅に増えました。**

一般的なバーコードでは10桁程度の数字やアルファベットなどを表現できる程度でしたが、QRコードではメールアドレスやURLだけでなく、ちょっとした文章も表現できます。

9784798180267

https://www.shoeisha.co.jp/

*「QRコード」という名称はデンソーウェーブの登録商標で、実は「2次元バーコード」が正式名称

URLを表現したQRコードがパンフレットなどに掲載されていると、利用者は自身のスマートフォンでそのQRコードを読み込むことで、そのWebサイトに簡単にアクセスできて便利です。

QRコードが偽物かどうかは判別しづらい

QRコードは便利ですが、利用者がQRコードを見ても、そのQRコードからアクセスできるURLが正しいものなのか判断できません。実際に読み込んでみないと、どのページにアクセスするのかわからないのです。

パンフレットに印刷されていても、その上から別のQRコードをシールとして貼り付けられている可能性もあります。

解決策

読み込んだあとにURLを確認する

偽のQRコードがあることを考慮し、**QRコードを読み取ったときに、そのURLが正しいものかを確認する**ようにします。パンフレットなどでQRコードが印刷されている場所の近くに正規のURLが書かれていれば、それと一致しているかを比較します。

もし正規のURLが書かれていないのであれば、そのURLをSNSなどで検索する方法もあります。正規のURLであれば、SNSなどで公式のアカウントが投稿している可能性がありますし、偽のURLであれば注意喚起として誰かが投稿しているかもしれません。

QRコードから訪問したWebサイトでは、IDやパスワードだけでなく、クレジットカード番号や個人情報を入力しないようにすると安心でしょう。

Column QRコード決済の盗撮に注意

QRコードはURLやメールアドレスを表現するために使われているだけでなく、「QRコード決済」にも使われています。QRコード決済では、次の方式があり、それぞれにリスクがあります。

・店舗に設置されたQRコードを利用者が読み取る方式

この方式では、上記で紹介したものと同様に偽のQRコードの可能性があります。店舗は正規のQRコードを用意しているつもりでも、第三者がその上からシールを貼っていると、他の店舗で決済してしまう可能性があります。このため、表示された店名を店員さんと一緒に確認しましょう。

・利用者が提示したQRコードを店舗側のバーコードリーダーで読み取る方式

この方式では、利用者がスマートフォンにQRコードを表示した状態のままレジで並んでいると、背後からそのQRコードを盗撮するという手口があります。撮影したQRコードを、写真として保存し、決済時にその写真を提示するのです。

一般的なQRコード決済アプリでは、数分間だけ有効なQRコードを生成していますが、その間に隣のレジで決済されてしまうと、本人が決済したものとして処理されます。利用した店舗も同じため、本来の利用者の画面で通知が表示されても、利用者が気づかない可能性もあるでしょう。

こういった被害に遭うことを防ぐためには、支払いの直前でQRコードを表示するとともに、背後にいる人などに読み取られないように、後ろに人がいないか注意しましょう。

さらに強固にするワザ

QRコードを読み取るときだけでなく生成するときもセキュリティを意識しましょう。QRコードを生成するサービスはいくつも存在しますが、悪意のあるWebサイトの場合、生成したQRコードに何らかの値が埋め込まれる可能性があります。最近ではChromeやEdgeといったWebブラウザでも生成できるため、これらを使うか、信頼できるサービスを使用しましょう。

重要度 >> ★★★☆☆

ペットのために自宅に設置していたWebカメラに、他人がアクセスしていた

☞ Webカメラなどのアクセス制限

チェックがついたら要注意

- □ 自宅などでWebカメラを使用している
- □ 初期設定からパスワードなどを変更していない
- □ 外出先から閲覧できるように設定している

基本知識を身につけよう

普及に伴い、悪意から狙われるWebカメラ

自宅に設置したWebカメラのセキュリティ設定が適切でなく、第三者から勝手に閲覧されていた事例です。

これまでは、動画を閲覧することはあっても、アップロードすることは少なかったものです。ADSLでは、下り（外部から自宅への通信）の通信速度が速くても、上り（自宅から外部への通信）の通信速度が遅く、大容量のデータを外部に送信するのは難しかったからです。

しかし、光ファイバーなどの高速なネットワークの普及もあり、Webカメラを使ってテレワークだけでなく、オンライン飲み会なども開催されるようになりました。

それに加えて、安価なWebカメラが登場したことで、自宅に設置する人が増えています。自宅にいるペットの状況を外出先から確認したり、離れた場所に暮らす高齢の家族を見守ったりするためにWebカメラが使用されているのです。

Webカメラをインターネットに接続しているということは、セキュリティ上のリスクも存在します。例えば、**Webカメラのソフトウェアに脆弱性があると、それを狙った攻撃が成立する可能性があります。**

一般的なパソコンであれば、自宅に設置したルーターのファイアウォール機能によって、外部からの侵入を遮断できる可能性がありますが、Webカメラでは外部から通信するためにこのようなファイアウォー

ルの機能を除外している場合もあります。

Webカメラを操作するシステムにログインIDやパスワードを設定することで、第三者がアクセスできないようにすることが一般的ですが、購入したときの**初期値からパスワードを変更していなければ、同じ製品を使用している人であれば簡単に閲覧できる可能性があります。**

家電にもセキュリティが必要な時代

このようなリスクがあるのはWebカメラに限った話ではなく、自宅に設置してインターネットに接続している機器に共通するものです。例えば、最近の複合機（プリンターやスキャナー、FAXなどの機能を備えた機械）やスマートスピーカーなどが挙げられます。

特に注意が必要なのがインターネットへの接続に使用している「ルーター」です。外部のネットワークに直接接続している機器でありながら、購入して設定が完了したあとは何も管理していない人がいます。

さらに、家電でもインターネットに接続できるものが増えています。テレビや冷蔵庫、エアコン、電子レンジ、洗濯機などあらゆる機器がインターネット接続に対応し、外部から操作できるようになっています。

解決策

更新プログラムを最新に保つ

Webカメラや複合機などは、パソコンと同じように更新プログラムが提供される場合があります。このため、更新プログラムが提供されていないかを定期的に確認し、提供されていればそれを適用します。

特にルーターについては、速やかに適用するようにしましょう。多くのルーターはパソコンやスマートフォンからWebブラウザで接続するだけで更新プログラムの有無を確認できるようになっています。

なお、**サポート期間が過ぎると更新プログラムが適用されなくなるため、5年以上使用しているようなルーターは新しい製品への切り替えを検討**してもよいでしょう。

また、それぞれの機器では購入時のIDやパスワードをそのまま使用するのではなく、最初に変更します。**家電については、インターネットへの接続が不要であれば接続しないことも1つの対策です。**

さらに強固にするワザ

攻撃者が特定の自宅を狙って映像を見るのは難しいと思うかもしれません。しかし、攻撃者は適当なIPアドレスを試して、そこにWebカメラが設置されていないかを確認します。

このため、偶然にしてある家のWebカメラのセキュリティが突破される可能性があります。そして、このような脆弱なWebカメラを一覧にして公開しているようなサイトも存在します。

Webカメラを運用するような場合には、そういったサイトに掲載されていないかをときどき確認してもよいでしょう。

重要度 >> ★★☆☆☆

CASE 42

電車に乗っていたら、他人からスマホに写真が送られてきた

☞ AirDrop の設定変更

チェックがついたら要注意

- □ AirDropの機能を有効にしている
- □ 誰からでもファイルなどを受け入れるように設定している
- □ iPhoneの名前に本名が登録されている

基本知識を身につけよう

AirDropの受信設定はできている?

iPhoneやiPadを使っている人同士で写真などを共有するときによく使われる「AirDrop」の機能を悪用し、第三者から不適切な写真を勝手に送りつけられた事例です。

友人同士で写真などのファイルを共有するとき、メールに添付する方法がよく使われていました。しかし、それぞれがiPhoneやiPadなどの**Apple社の製品を使っていれば、AirDropという機能を使えます。**

AirDropはBluetoothやWi-Fiのような無線技術を使って、ファイルや連絡先などを共有できる機能です。サーバーを経由せず端末同士が直接やりとりするため高速ですし、モバイルデータ通信の回線ではなくWi-Fiの電波を使うため、携帯電話回線のパケットも消費しません。

この機能を使うとき、受け取り側の受信設定によってセキュリティ上の問題が発生する可能性があります。一般的には「連絡先のみ」に設定しておきます。これは、連絡先のアプリに登録されている相手からのみAirDropでの通信を受信できるもので、連絡先に登録されている友人とのやりとりであれば問題ないでしょう。

この設定を「すべての人」に変えると、iPhoneやiPadなどを使っている人であれば誰でも送信できます。BluetoothやWi-Fiの電波が届く範囲内にいる人に対して、連絡先に登録されているかどうかに関わらず、ファイルを送信できるのです。

Androidでの機能

このような機能はAndroidも備えており、「Nearby Share（ニアバイシェア）」と呼ばれています。Android端末同士でファイルやURLなどを共有できる機能で、AirDropと同じように公開範囲を指定できます。

この公開範囲として、「一部の連絡先」に設定すると、連絡先に登録されている相手だけが送信できます。ここで、「すべての連絡先」に設定すると、近くにあるAndroid端末から送信できます。

解決策

AirDropやニアバイシェアの公開範囲を設定する

AirDropやニアバイシェアを使う場合には、公開相手を限定しておきます。また、「すべての連絡先」に設定している場合は、受信を求められたときに「辞退」や「拒否」を押すようにします。

AirDropなどを使ってファイルをやりとりする機会がないのであれば、こういった機能を無効にしておきます。普段は無効にしておき、必要になったときに有効にすればよいでしょう。

iOS 16.2以降は、AirDropで「すべての人」を指定しても、有効なのは「10分間のみ」になりました。また、以前は写真を共有されたときに、そのプレビューと合わせて「辞退」のボタンが表示されていましたが、現在はプレビューされなくなっています。

このように、OSのアップデートによって安全性が高まっていますので、可能な限り最新のバージョンにアップデートしましょう。

Column AirDropで表示される名前を変える

電車の中でiPhoneを開き、AirDropの画面を表示すると、その車両に乗っているほかの乗客の名前が表示されることがあります。これは、AirDropで公開相手が「すべての連絡先」に設定されている人がいることを意味しています。

しかも、そのときに表示される名前として本名と思われるものが使われているのです。iPhoneの標準設定では「山田太郎のiPhone」のような名前がつけられていて、それが表示されているのです。これは、AirDropで公開範囲を「すべての連絡先」に設定していなければ問題ありません。

しかし、この名前はほかにも使われます。例えば、インターネット共有（テザリング）の機能です。これが有効になっていると、他のiPhoneやMacなどの端末からインターネット共有を使おうと思ったときに、その近くにあるiPhoneの名前が表示されるのです。

こういった部分から自分の名前が知られることがないように、名前は変更しておきましょう。具体的には、iPhoneの「設定」アプリから「一般」→「情報」→「名前」の欄に設定されている値が該当します。これを好きなものに変えておきます。

さらに強固にするワザ

組織としてファイルを共有するときには、スマートフォン同士などの端末間で通信するのではなく、会社が契約しているファイル共有サービスを使います。これも、情報を勝手に持ち出すことを禁止するためです。

個人のスマートフォンなどとファイルをやりとりすることがないように、ルールとして定めておくとよいでしょう。

Skill Up Quiz ⑤

Q1

メールは送信元を偽装している可能性がありますが、
届いたメールのうち信頼できる情報はどれですか？

①メールの署名欄に表示されているURL

②差出人のメールアドレス

③差出人欄に表示されている名前

④上記のいずれも信頼できない

Q2

心当たりのない添付ファイルがついたメールが届いたとき、
一般の利用者の対応として正しいものはどれですか？

①送信者に返信する

②開いて中身を確認する

③ファイルを開かずにメールごと削除する

④ウイルス対策ソフトを最新に更新する

Q3

SMSにURLが書かれていたとき、
セキュリティを意識した行動として正しいものはどれですか？

①SMSに記載されているドメイン名を確認する

②URLをクリックしたあとに表示されるWebサイトの見た目を確認する

③URLをクリックしたあとに表示されるプライバシーポリシーを読む

④URLが書かれていても基本的にはクリックしない

Q4

短縮URLの特徴として正しいものはどれですか？

①どんなURLでも通信を暗号化してくれる

②通信量が減り、ページが表示されるまでの時間が短くなる

③URLを見るだけでは偽のWebサイトかどうか判断できない

④短縮URLからアクセスされた場合、
ログインが必要なWebサイトではプログラムが動作しない

Q1 ④ Q2 ③ Q3 ④ Q4 ③

Chapter

6

IT機器やツールを使いこなせず起きた事故への対策

アクセスキー G（大文字のジー）

重要度 >> ★★☆☆☆

CASE 43

翻訳サイトに入力した文章が不特定多数に公開された

☞ データの外部送信に注意

チェックがついたら要注意

- □ 翻訳サイトなどの便利なサービスを使用している
- □ 有料の契約をせずに使用している
- □ 送信する内容をあまり意識していない

基本知識を身につけよう

実はデータをとっている翻訳サイトの仕組み

翻訳サイトなどのWebサイトを使った利用者が、ページ内で入力した内容が、利用者の知らないところでインターネット上に公開されてしまっていた事例です。

近年は、翻訳の精度が高くなっており、英語の文章を見たらとりあえずGoogle翻訳やDeepLといった翻訳サイトに貼り付けて翻訳している人がいるかもしれません。さまざまな言語に対応しており、例えば英語の文章を入力するだけで、日本語の文章に翻訳できます。逆に、日本語の文章を入力すると英語の文章に翻訳できます。

これは便利な一方で、その仕組みを知らないと問題になる可能性があります。**このような翻訳サイトで文章を入力することは、そのサイトに対してデータを送信していることを意味します。**

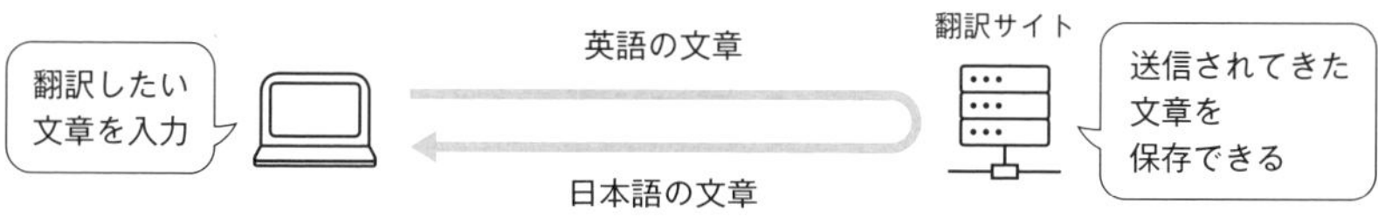

つまり、もし**サイトの運営者に悪意があると、送信されたデータを収集できるということです**。そして、このデータを記録しておき、他の目的に流用することもできてしまいます。

他の検索サイトやチャットサービスにも注意

これは翻訳に限らず、Googleのような検索サイトやAIチャットサービスなどでも同じです。利用者が入力したものに対して最適な結果を返す、という役割を果たすサービスですが、その目的のためだけに開発されているとは限らないのです。

より良い結果を返すために、どのような内容が入力されたのかをサーバー側で保存しておき、AIを開発するときのデータとして使用されることもあります。また､入力されたキーワードを顧客の属性（年齢や性別、興味など）と関連づけて、広告を表示するために使われることもあります。

もちろん、多くのソフトウェアやサービスは送信されたデータを社内だけで利用するため、データが送信されていても大きな問題になることはありません。それでも、送信したデータがどのように使われるのか知らずに送信してしまうと問題になる可能性があるのです。

解決策

有料プランを契約する

送信されたデータが他の目的で使われないように、データを保存しないことをサービス提供元が明示している場合があります。例えば、上記で紹介したDeepLでは、有料プラン（DeepL Pro）を契約すると、翻訳前後のデータを保存することはないと明記されています。このため、企業で機密文書を翻訳する場合には、こういった有料プランを契約することが必須だといえます。

他のサービスであっても、企業で利用する場合は有料のプランを契約して使用します。無料版では利用者に応じた広告が表示されるサービスであっても、有料版を使用すると広告が表示されず、プライバシー面での安心感もあります。

重要な情報は送信しない

無料プランを使っていても、英語のニュースサイトの一部を翻訳するような使い方であれば問題ないでしょう。もともとの内容が公開されている情報であり、機密情報ではありません。

しかし、企業の内部で機密情報とされている内容の場合は、こういった無料の翻訳サービスには送信しないようにします。

利用規約やプライバシーポリシーを確認する

翻訳以外のサービスでも、機能として便利であれば使いたいものがあるかもしれません。世の中には有料のプランが用意されていないサービスも少なくありません。

こういったサービスを使う際に、個人情報や機密情報を送信しなければならないのであれば、そのサイトに掲載されている利用規約やプライバシーポリシーを確認します。これらについてはCASE46でも詳しく解説します。

さらに強固にするワザ

翻訳に限らず、インターネットで提供されているサービスは便利ですが、上記のような課題があります。そこで、ローカル環境で動くソフトウェアをパソコンやスマートフォンにインストールする方法もあります。

重要度 >> ★★☆☆☆

CASE 44

ウイルスチェックサイトにアップロードした個人情報ファイルが流出した

信頼できるWebサイトの利用

チェックがついたら要注意

- □ ウイルスチェックサイトを使用している
- □ その他、ファイルをアップロードする場合がある
- □ 最新のニュースをチェックしていない

基本知識を身につけよう

複数のウイルス対策ソフトで検索する方法

メールに添付されていたファイルをウイルスチェックサイトにアップロードしてチェックしたところ、そのWebサイトの管理体制に問題があり、送信された情報が漏れた事例です。

一般的なパソコンにインストールしているウイルス対策ソフトは1種類でしょう。しかし、世の中には多くのウイルス対策ソフトがあります。そして、それぞれに特徴があります。次から次へと新しいマルウェアが開発されるため、1つのウイルス対策ソフトでは検出できないマルウェアでも複数のウイルス対策ソフトで調べれば、何か見つかるかもしれません。

そこで、複数のウイルス対策ソフトでまとめてチェックできるサービスが提供されており、「オンラインスキャンツール」とも呼ばれています。 このようなサービスに、マルウェアが含まれているかもしれないファイルをアップロードすると、さまざまなウイルス対策ソフトでチェックした結果を表示してくれるのです。

これは便利な一方で、ファイルをアップロードするということは、そのファイルをそのサービスに提供することを意味します。もし、そのサービスが偽物で、アップロードされたファイルを収集して公開するようなものであれば、情報漏えいにつながってしまいます。

他社のWebサイトを調べると攻撃とみなされる可能性も

ファイルをアップロードしてチェックするだけでなく、他のWebサイトをチェックする機能を持つツールもあります。外部のWebサイトが使用している技術を調べるもので、JavaScriptのフレームワークやCSSフレームワークの名前やバージョンを調べるために使われることがあります。

そのほかにも、外部のWebサイトに脆弱性が残っていないか調べるツールもあります。一般的には「脆弱性診断」や「ペネトレーションテスト」とも呼ばれ、Webサイトを新たに構築したときに、脆弱性が作り込まれていないかを開発者が調べるために使われるものです。

一般的には専用のツールを使いますが、Webサイト上から外部のWebサイトの診断ができると便利です。例えば、WordPressを使っているWebサイトに設定の漏れがないかを調べるツールでは、そのWebサイトに対して外部から設定内容をチェックしてくれるのです。

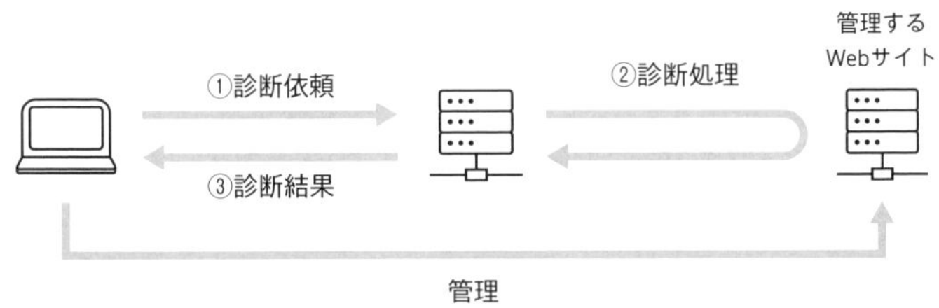

こういったツールを自社が管理するWebサイトに実施するのは問題ありませんが、**他人が管理するWebサイトに対して勝手に実行すると不正アクセスだと判断される可能性があります。**

外部の事業者が提供しているサービスが信頼できるかわからないからといって、勝手に脆弱性診断などを実行することは避けましょう。

解決策

契約前に会社の信頼性を確認する

画像投稿サイトなど、ファイルをアップロードするWebサイトはたくさんあります。ファイルを取引先と共有するときに使われるファイル共有サービスでも、過去に大規模な情報漏えいが発生しました。信頼できると考えられていたサービスでも脆弱性が存在すると、アップロードしたファイルがインターネット上に公開される可能性があるのです。

とはいえ、利用者の立場ではそのサービスに脆弱性があるかどうかはわかりません。信頼できるWebサイトといっても、現実的にはサービスの提供者が提示している内容を信頼するしかありません。

一般的には、個人情報などを扱うサービスを契約するときは、**その会社がプライバシーマークを取得しているか、ファイルをどこに保存しているか（国内のサーバーなのか、海外のサーバーなのか）、個人情報の削除を求められたときに対応してもらえるか、などを確認しています。**このように、会社として契約したサービス以外にはファイルをアップロードしないようにします。

さらに強固にするワザ

ソフトウェアに脆弱性が存在すると、信頼できると思っていたサービスでも情報が漏えいする可能性があることは上記の通りです。これを完全に防ぐことはできませんが、そのサービスで使用しているソフトウェアに脆弱性が見つかるとニュースになることが多いものです。

例えば、IPA（情報処理推進機構）やJPCERT/CC（JPCERTコーディネーションセンター）が共同で運営しているサイトにJVN※（Japan Vulnerability Notes）があります。JVNでは、脆弱性情報やその対策方法を公開しています。こういったサイトを定期的に確認する方法もあるでしょう。

※https://jvn.jp

無線LANに接続したら、他のパソコンからアクセスされた

☞ ファイル共有の無効化

チェックがついたら要注意

- □ 外出先で公衆無線LANを使用している
- □ パソコンのファイル共有機能を有効にしている
- □ 会社のネットワークに外部から接続するときにVPNを使用していない

基本知識を身につけよう

公衆無線LANのリスク

外出先で公衆無線LANに接続したところ、ファイル共有の機能を有効にしており、同じ公衆無線LANに接続しているほかの利用者が勝手にファイルをコピーできてしまった事例です。

カフェや駅、ホテルなどでは、多くの人がインターネットを利用できるように、無線LANの機能が提供されている場所があります。パソコンやスマートフォン、タブレット端末などをこの無線LANに接続することで、無料で利用できるものです。

公衆無線LANは便利ですが、次のようなリスクがあります。

・通信の内容を盗聴される

無線LANでは電波を使用して通信をするため、近くにいる人がその通信を傍受できます。そこで、一般的な無線LANでは暗号化の機能を有しています。しかし、暗号化の範囲はアクセスポイントまでです。

・偽のアクセスポイントに接続してしまう

無線LANに接続するときはSSIDを選択し、パスワードを入力します。このとき、同じSSIDとパスワードのアクセスポイントが複数設置されていると、どちらに接続するかわかりません。つまり、偽のアクセスポイントが設置されている可能性があるのです。

ファイル共有機能を使う

オフィスでパソコンを使用するときは、他の人とファイルを共有したい場合があります。このとき、ファイルサーバーを使用する方法もありますが、隣の人とファイルを共有したいといった、狭い範囲で共有したい場合はファイル共有機能を使用する方法が便利です。

これは、自分のパソコンに保存されているファイルを、同じネットワークにある他のパソコンと共有する機能で、ネットワーク経由で自分のパソコンのフォルダに接続できるようにするものです。

社内のネットワークであれば、利用する相手も同じ部署の人など社内の限られた人だけなので問題ありませんが、これを社外のネットワークで使用すると問題になります。**見ず知らずの人が、そのフォルダに勝手にアクセスできる可能性があるのです。**

解決策

ファイル共有機能は無効にする

上記のようにさまざまなリスクが考えられるため、会社のパソコンでは公衆無線LANに接続しないことが原則です。特に、今回の事例のように**ファイル共有が有効になっていると、パソコンに保存されているファイルにアクセスされる可能性がある**ためです。このため、ファイル共有機能については、使わないのであればオフにしておきます。

また、ネットワークの設定についても確認します。Windowsであれば、ネットワークの設定画面で「パブリック」と「プライベート」を切り替えられるようになっています。自宅や会社の中など、信頼できるネットワークであれば「プライベート」を選択しますが、公衆無線LANに接続するときは「パブリック」を選択します。これにより、ファイルの共有機能が自動的にオフになります。

HTTPSでの通信を確認する

公衆無線LANを使用したことによる盗聴についても考えてみましょう。最近のWebサイトの多くはHTTPSという暗号化通信に対応しており、検索やWindows Updateなどの使用であればそれほど気にする必要はありません。しかし、インターネットに接続しているときはWebサイトの閲覧以外にもさまざまなアプリを使います。スマホアプリを使っていると、そのアプリが裏側でどのような通信をしているかを利用者が知る術はほとんどありません。

偽のアクセスポイントに接続していたとしても、利用者が気づかないことが多いため、個人情報などは送信しないようにしましょう。

VPNを使用する

公衆無線LANを使用するときも含め、会社のネットワークに外部から接続するときは、VPN（Virtual Private Network）を使用します。 VPNは、「仮想専用線」とも訳され、ネットワーク上に仮想的なトンネルを作成するイメージで、送信側と受信側の間の通信を暗号化します。これにより、インターネットを経由しても、低コストで盗聴を防ぐことができます。

さらに強固にするワザ

公衆無線LANに接続しなければ、上記の多くのリスクは関係ありません。そこで、外出先でパソコンをどうしても使用しなければならない場合は、モバイルルーターなどを持ち運ぶようにしましょう。

重要度 >> ★★★★★

CASE 46 キーボード入力の記録が外部に送信されていた

不正アプリのインストールを避ける

1か月後……

日本語入力ソフトが情報を漏えい

かな漢字変換ソフトで、利用者が入力した
内容を外部に送信していることが
わかりました……

先日のソフト、
勝手にインストール
してないですよね？

すみません……
インストールして
使っていました……

顧客情報や
機密情報を
変換のために入力
したんですね……

日本語に変換する
だけなのに外部に
送信するなんて
思わず……

チェックがついたら要注意

- □ **無料で利用できる日本語入力ソフトを使っている**
- □ **その他、フリーソフトを導入している**
- □ **利用規約やプライバシーポリシーを確認していない**

基本知識を身につけよう

日本語入力ソフトとは？

無料の日本語入力ソフト（かな漢字変換ソフト）をパソコンに導入したところ、キーボードから入力した文字が外部に勝手に送信されており、顧客情報や機密情報が漏えいした事例です。

パソコンのキーボードに表示されている文字は、アルファベットやひらがなです。英語を使用している海外であれば、キーボード上の文字を入力するだけでよいのですが、日本語や中国語、韓国語といった言語の場合には、漢字や特殊な文字に変換する必要があります。

このとき、キーボードから入力したローマ字やひらがなの文字を漢字やカタカナに変換するには、変換ソフトを使います。日本語に変換するソフトは、「日本語入力ソフト」や「かな漢字変換ソフト」と呼ばれます。

こういった日本語入力ソフトは、日本語版のOSに標準で搭載されるだけでなく、インターネットで公開されているものもあります。**Windowsであれば「Microsoft IME（MS-IME）」が標準で搭載されていますが、「ATOK」を長年使っている人もいますし、最近では「Google日本語入力」なども使われています。**

その他、スマートフォンではデザインをカスタマイズできるもの、絵文字を手軽に入力できるもの、定型文を選択するだけで入力できるものなど、さまざまな種類が提供されています。

キー入力で漏れる情報

日本語入力ソフトは日本人にとって必要不可欠なものですが、目的の単語が候補に表示されないことがあります。一般的な言葉は日本語入力ソフトの開発時に登録されていますが、特殊な単語であれば利用者が辞書登録しないと候補に表示されません。

開発者としては、誤変換や候補に出てこない言葉があったときに、その言葉を収集し、次のバージョンの開発に活かしたいものです。そこで、このようなソフトの学習のために、**利用者が入力したデータが開発者のサーバーに送信されている可能性があります**。

例えば、MS-IMEでは、辞書に単語を登録するときに、「登録と同時に単語情報を送信する」といったオプションが用意されており、これに同意すると匿名でその内容を送信します。これにより、今後の更新において反映される可能性があります。このとき、住所や電話番号などの個人情報を登録すると、匿名であってもその中身は送信されてしまいます。

それだけでなく、一部のソフトでは、キー入力した内容を利用者に断ることなく送信していたという事例がありました。変換精度を上げる目的だとしても、同意なくデータを収集されると、顧客の名前や住所を入力して変換するだけで情報漏えいにつながってしまいます。

解決策

スパイウェアに注意

利用者が気づかないうちに勝手に情報を送信するソフトウェアは「スパイウェア」と呼ばれています。利用者にとっては正常に動作しているように見えても、勝手に設定を変更したりすることから、マルウェアの一種と判断されることもあります。

また、便利な機能を提供する代わりに広告を表示するソフトウェアは「アドウェア」と呼ばれます。広告の表示だけであれば問題ないかもしれませんが、これも勝手に設定を変更する可能性があります。

利用規約やプライバシーポリシーを確認する

日本語入力ソフトだけでなく、私たちが普段から利用しているソフトウェアがどのようなデータを外部に送信しているのか、利用者にはわからないものです。このため、開発者を信頼するしかありません。

しかし、こういったソフトウェアを導入するときには、利用規約やプライバシーポリシーなどの文書を確認しておきます。パソコンやスマートフォンにインストールするソフトウェアであれば、インストール中に同意画面が表示されるものが一般的です。また、Webアプリであれば会員登録するときに利用規約を確認することが求められます。

長く難しい文言で書かれていることもありますが、読まずに同意するのではなく、必ず読むようにしましょう。

さらに強固にするワザ

ネットワークの通信を許可するか拒否するかを設定したいとき、一般的にはファイアウォールという機器が使われます。通信の送信元と宛先の情報を見て、外部から内部への不審なアクセスを遮断するために使われることが多いものです。

しかし、外部から内部への通信だけでなく、内部から外部への通信も拒否する設定が可能です。このため、怪しいアプリがインストールされていて、内部から外部に勝手にデータを送信することを防ぐためにも、企業などではファイアウォールを導入しています。

すべてを防げるわけではありませんが、不審な通信を監視するためにも組織としてファイアウォールの運用が求められています。

重要度 >> ★★★☆☆

CASE 47

黒塗りにしたつもりの PDF ファイルをアップロードしてしまった

☞ ファイル形式を理解した対応

チェックがついたら要注意

- □ PDF形式でファイルを公開している
- □ データを一部隠すときに図形でマスクしている
- □ 有償のソフトが備える機能を使っていない

基本知識を身につけよう

PDFのファイル形式

個人情報が掲載されているPDFファイルにおいて、見られてはいけない部分を黒塗りしたつもりが、上から四角い図形を重ねていただけであったため、中身を確認できてしまった事例です。

インターネット上に文書を公開するとき、さまざまな形式が考えられます。例えば、HTML形式で作成して公開すると、利用者はWebブラウザさえ用意すればその内容を閲覧できます。

ただし、HTML形式では画面の大きさによって表示されるレイアウトが異なります。このため、作成者が想定しているよりも画像が小さく表示されてしまったり、ページ番号を指定して引用できなかったりします。

WordやPowerPointのようなオフィスソフトを使って作成する方法もありますが、この場合は利用者も同じソフトを使用していないといけません。せっかく作成しても閲覧してもらえない可能性があるのです。また、ファイルを受け取った人が勝手に編集できるリスクもあります。

こういった点を考慮して、PDFというファイル形式で公開されることがあります。**PDFはPortable Document Formatの略で、紙に印刷したようなレイアウトでそのまま保存できるファイル形式です。**パソコンやスマートフォンなど、どのような環境で開いても同じように閲覧できます。無料の閲覧ソフトが提供されており、最近はWebブラウザだけで表示できることから、多く使われています。

PDFファイルのマスク

PDF形式は印刷したようなレイアウトで表示されるため、文字や画像、図形などが、利用者の環境に関わらず同じように表示されます。つまり、パソコンのOSがWindowsでもmacOSでもレイアウトが変わりませんし、スマートフォンで開いても問題ありません。

そんな資料の一部に個人情報が含まれるなど、ページ内の一部だけを見せたくないときには、その部分を黒塗りした状態で提供されることがあります。これは紙の資料の名残で、紙であれば油性ペンなどで塗りつぶしていたものです。

これをPDFでも実現しようとして、黒い四角の図形を文字の上に重ねたり、ハイライト機能で黒い色を使ったりすることで、画面で表示しても、印刷しても、その部分を読めないようにしている例があります。

しかし、PDFファイルで上に図形を重ねただけでは問題になることがあります。それはPDFファイルの特徴によるものです。一般的なPDFファイルはテキストとしてコピーしたり検索したりできるようになっています。

つまり、上から黒い図形を重ねても、その下にあるテキスト部分をコピーしたり検索したりできてしまうのです。

解決策

印刷して黒塗りしたものをスキャンする

PDFを黒塗りするときに、手軽で確実なのは一度印刷する方法です。**印刷してから油性ペンなどで黒塗りして、それをスキャンすれば黒塗りした状態のPDFファイルを作成できます。**

画質は低下してしまいますが、PDFになる前のファイルがなく、専用ソフトの使い方がわからない人であれば、この方法が確実です。

PDFにする前のファイルで該当部分を置換する

PDFファイルを作成する前の文書ファイルが存在するのであれば、この段階で文字を置換する方法があります。塗りつぶさないといけない部分を「■」などの文字に置き換えてしまうのです。

その後、PDF形式に変換すれば、コピーしたり検索したりしても、「■」になっている文字を読み取ることはできません。

PDF編集ソフトを使用する

PDFを閲覧できるソフトウェアは複数提供されており、表示するだけであれば無料で使用できます。それだけでなく、PDFを編集できるソフトウェアが有償で提供されています。

例えば、PDFの開発元であるAdobe社が提供するAcrobat Proであれば、「墨消しツール」という機能があります。この機能を使うと、黒で塗りつぶすだけでなく、「社外秘」などの文字に置き換えられます。

そして、置き換えるだけでなく、非表示になった部分を文書から完全に削除することもできます。これにより、コピーや検索によって該当部分を見つけることはできなくなります。

さらに強固にするワザ

公文書に対する情報公開請求などにおいて黒塗りの文書が公開されることはありますが、それ以外であれば「そもそも黒塗りにしない」というのも1つの対策です。民間の企業であれば、黒塗りの文書の作成を求められるような場面は基本的になく、他の方法を検討しましょう。

重要度 >> ★★★★☆

CASE 48 フリーソフトをダウンロードしたら、警告が出るようになった

導入するアプリを制限

チェックがついたら要注意

- □ フリーソフトを使用している
- □ 公式サイト以外からダウンロードしている
- □ 最新バージョンを確認していない

基本知識を身につけよう

フリーソフトの改変や再配布

フリーソフトをダウンロードするとき、ダウンロードサイトを使用したところ、公式サイトで配布されている内容とは異なっていた事例です。

ソフトウェアの開発にはお金がかかるため、多くのソフトウェアは有料で提供されています。しかし、一部のソフトウェアは無料で提供されており、「フリーソフト」や「フリーウェア」と呼ばれています。ダウンロードできるだけでなく、雑誌の付録としてCDやDVDに収録されていることもあります。

無料で使用できるだけで、ライセンスはソフトウェアによって異なります。ソースコードなどが提供されておらず、プログラムの変更や再配布などについては許可されていないこともあります。著作権は開発者が保持していることが一般的です。

学生が趣味で開発していたり、作者が自分用に開発したものを善意で公開していたりすることも多く、不具合があっても修正されるとは限りません。使い方がわからなくてもサポートなどは期待できないため、その使用にあたっては割り切りが必要です。

なお、同じように無料で使用できるソフトウェアでも、**ソースコードが公開されていて、そのプログラムを変更したり再配布したりすることも認めるようなライセンスが定められているものがあり、「オープンソースソフトウェア（OSS）」と呼ばれています。**

公式サイトからダウンロードすべき理由

フリーソフトを使用したい場合、一般的にはそのソフトウェアの開発者が用意した公式サイトからダウンロードします。ただし、公式サイトに掲載しても、アクセス数が少ないサイトでは利用者が増えません。そこで、公式サイトに掲載するだけでなく、フリーソフトを多く紹介しているサイトに登録している開発者も多いものです。冒頭で紹介したように、CDやDVDで配布するなど、開発者に許可を得て掲載していることもあります。

問題は、このようなWebサイトでは開発者がそのフリーソフトをバージョンアップしても、その内容が更新されるとは限らないことです。開発者の公式サイトや、**開発者自身が登録した公式サイトであれば、新しいバージョンを公開した時点で開発者が更新しますが、第三者が掲載しているようなWebサイトでは、いつ更新されるかわかりません。**

結果として、古いバージョンが残っている可能性があるのです。古いバージョンが残っていても、そのバージョンの機能が少ないだけであれば、大きな問題にはならないかもしれません。しかし、セキュリティ上の問題が存在し、古いバージョンを使用していると攻撃を受ける可能性があるような場合には、最新版を使用しないと問題になります。

解決策

フリーソフトの利用は原則として禁止する

多くの企業では、フリーソフトを社員が勝手にダウンロードすることを禁止しています。これは、フリーソフトでは問題が発生したときもサポートが受けられませんし、何らかの不具合が含まれていても更新が続けられる保証がないことが挙げられます。また、マルウェアが含まれている可能性を排除できないこともあります。

一方で、有料のソフトウェアには含まれていない便利な機能を搭載したフリーソフトもあります。こういった機能を使いたい場合、申請することで使えるようにしていることも多いでしょう。

フリーソフトをダウンロードする場合は、必ず開発者の公式サイトを訪問し、その最新バージョンを確認します。公式サイト以外からダウンロードする場合も、公式の情報を確認するようにしましょう。

OSSの場合はメンテナンス状況を確認する

Webサイトを運用する場合には、Webサーバーやデータベースサーバー、そこで動くプログラムに使われるフレームワークなど、多くのOSSが使われています。

こういったソフトウェアを使用する際には、ライセンスを確認するとともに、メンテナンス状況を確認します。ソースコードが公開されていても、数年にわたって更新されていないようなソフトウェアでは、利用者が少ないことや保守するプログラマがいないことが考えられます。

必要に応じてコミュニティに参加するなど、その活用方法やメンテナンス状況を共有することが、リスクを減らすことにつながります。

さらに強固にするワザ

フリーソフトは一度導入すれば、アップデートされないまま放置されることがあります。導入した当初は利用者が多くても、世の中の変化や開発者の高齢化などによりメンテナンスが滞ることもあります。

このため、導入後も定期的に利用状況や更新状況を確認します。

重要度 >> ★★★★★

CASE 49

廃棄したハードディスクから情報漏えいが起きた

パソコンの廃棄時のルール

1か月後……

中古パソコンから情報漏えい

オークションで販売されていた
中古パソコンを確認したところ、
企業のデータが残っていることが
わかりました……

チェックがついたら要注意

- □ パソコンやハードディスクの廃棄時、データを正しく消去していない
- □ 消去するときに専用のソフトを使用していない
- □ 専門の業者を使用していない

基本知識を身につけよう

「ゴミ箱」によるファイルの削除

パソコンを廃棄するとき、正しい方法でデータを消去しなかったため、そのハードディスクに記録されていたデータが復元され、情報漏えいが発生した事例です。

パソコンやスマートフォンでは、削除したファイルを戻せるように「ゴミ箱」という機能が用意されています。この段階ではファイルは削除されておらず、フォルダを移動したのと同じことだといえます。「ゴミ箱を空にする」という操作をすると、そのファイルを元に戻せなくなります。

ただし、ゴミ箱を空にしてもファイルが完全に消えたとはいえません。実際には、ファイルの実体は削除されておらず、あくまでもファイルの一覧として見えなくなっただけであることが多いのです。このままの状態でパソコンやハードディスクを廃棄すると、専用のソフトウェアを使ってファイルの中身を復元できる可能性があります。

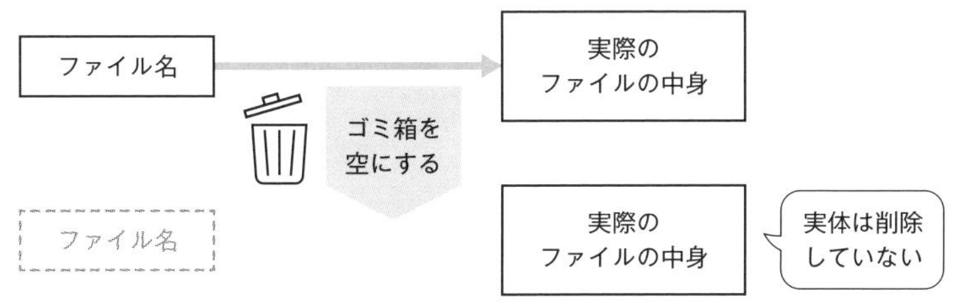

データの復元

削除されたように見えるファイルを復元するためのソフトウェアを「データ復元ソフト」や「データ復旧ソフト」といいます。誤って削除してしまったファイルや、壊れてしまって表示できないファイルを元に戻すために用いられるソフトウェアですが、捨てられていたハードディスクからデータを抜き出すために使われることもあります。

削除してから短時間であれば、このようなソフトウェアを使うと復元できることが多いものですが、そのあとでパソコンの再起動や大容量のファイルの作成などがあると、復元できない場合もあります。

なお、復元ソフトを使用することで、逆にデータが削除されてしまったりする可能性もあるため、自分が誤って削除してしまったデータがあり、どうしても元に戻したい場合は復元を専門とする業者に依頼するケースもあります。

これは復元業者などのような専門の知識がある人は、廃棄されたハードディスクからデータを復元できる可能性があることを意味します。

解決策

物理的に破壊する

データを復元されることを防ぐために確実なのは、ハードディスクを物理的に破壊することです。例えば、ハードディスクを分解して中にある円盤を取り出して曲げる、釘を打ち込む、ドリルで穴をあける、などの方法により破壊すると、そのハードディスクからデータを復旧することはできなくなります。

スマートフォンの場合には、通信事業者の店頭に物理的に破壊する機械が用意されています。このため、自分のスマートフォンを持ち込むと、その場で物理的に破壊してくれます。

ハードディスク消去ソフトの使用

ハードディスクの物理的な破壊は確実な方法ですが、不要なハードディスクを売却したい場合は使えません。また、大量にあるハードディスクを1つずつ分解して破壊するのは大変です。

そこで、データ復元ソフトによるデータの復元を防ぐために「データ消去ソフト」が開発されています。これは、ハードディスクのすべての領域に何らかのデータを書き込むことを繰り返すなどの手法により、データを完全に消去するソフトウェアです。

データを消去するレベルを指定できるものもあり、復元が難しいレベルにまでデータを書き換えるものは、それだけ処理に時間がかかります。

専門の業者に依頼する

データの消去について自社での対応が難しい場合には、前述した通り専門の業者に依頼する方法があります。専門の業者では、データを消去したあとで「消去証明書」を発行しています。

さらに強固にするワザ

パソコンを廃棄するとき、情報漏えいに不安があるのであれば、ハードディスクだけを抜き出して、その他を廃棄する、という選択肢もあります。パソコンであれば保管にそれなりの場所が必要ですが、ハードディスクだけであれば、それほど場所は必要ないためです。

重要度 >> ★☆☆☆☆

普段使っているWebサイトが書き換えられていた

水飲み場攻撃の手口を把握

今月も取引先の
Webサイトにファイルを
登録しておいてね

承知しました!
先月と同様に
作業しておきます

Webサイトを
開いて送信っと

ファイル登録

送信

カチッ

ファイルを登録
しておきました

早いですね
ありがとう
ございます

1か月後……

承知しました
先月と同様に
作業しておきますね

今月も取引先の
Webサイトに
ファイルを登録
しておいてね

カチ
カチ

Webサイトを
開いて……

あれ?
デザインが
変わった?

送る

カチッ

まあいっか
サイトをリニューアル
したのかな?

申し訳ございません
弊社のWebサイトが
乗っ取られていて……
今月のファイル送信を
中断してもらえますか?

えっ?
送ってしまい
ました……

取引先のWebサイトが
改ざんされたことに気づかず
送ってしまいました……

見た目が変わって
なかったの?
不審に思ったら
報告しないと!

チェックがついたら要注意

- □ Webサイトの見た目が変わっても気にしていない
- □ Webサイトの動作に違和感を持っても連絡していない
- □ 作業手順などを記載したマニュアルを作成していない

基本知識を身につけよう

Webサイトの改ざんとは?

社員が普段から使っているWebサイトが改ざんされていて、そこにアップロードしたファイルが盗まれてしまった事例です。いつも使っているWebサイトの見た目が少し変わっていることに気づいていたものの、警戒することなく使ってしまったものです。

企業のWebサイトは、その企業の担当者が更新しています。しかし、この更新に使うIDやパスワードが知られると、第三者が勝手に更新できてしまいます。パスワードが知られなくても、Webサーバーそのものや、Webサーバー上で動作しているプログラムに脆弱性があると、それを狙って乗っ取ることができる可能性があります。

攻撃者はそのWebサイトを勝手に書き換えて、マルウェアを設置したり、アップロードされたファイルを盗み見たりできてしまうのです。このように書き換えることは「Webサイトの改ざん」と呼ばれます。

特定の企業を狙う「水飲み場攻撃」

Webサイトを改ざんされたとき、その見た目が大きく変わっていれば、利用者はそれに気づくかもしれません。過去には、政治的なメッセージを掲載するような「ハクティビスト」と呼ばれる集団が問題になったこともありました。

しかし、Webサイトの見た目が変わらなければ、利用者はそのWebサイトが乗っ取られていることに気づきません。そしてマルウェアをダウンロードさせるような攻撃は「水飲み場攻撃」と呼ばれています。

これは、特定の企業の機密情報を狙って、Webサイトを改ざんする攻撃手法です。その企業を直接狙うことは難しくても、その取引先などでセキュリティが甘いWebサイトがあると、そのWebサイトを乗っ取って目的の企業に罠を仕掛けるものです。

解決策

見た目の変化に気づく

使い慣れているWebサイトであれば、見た目の変化に気づく可能性があります。もちろん、Webサイトをリニューアルするなど、デザインを変更することはよくありますが、そういった場合はプレスリリースなどが公開されていることが多いものです。取引先であれば、リニューアルするタイミングで何らかの連絡があるでしょう。

このため、**デザインが変わったと思ったら、その報告が掲載されていないか、連絡がきていないかを確認します**。連絡がなかった場合は、第三者による改ざんの可能性を想定し、担当者に確認してもよいでしょう。

動作の変化に気づく

Webサイトのデザインが変わっていなくても、操作したときの動作に違和感を持つこともあります。Webサイトにアクセスしただけで、何らかのファイルを勝手にダウンロードしようとしている、何らかのエラーメッセージが出る、リンクをクリックしたときにURLが変わる、といった状況です。こういった事態に気づいた場合は、速やかにそのWebサイトの管理者に連絡するようにします。

早期の復旧に協力する

Webサイトの改ざんについて、利用者ができることはほとんどありません。上記のように、見た目や動作の変化に気づいて、Webサイトの管理者に報告する程度でしょう。

一方、Webサイトの管理者としては、改ざんなどの攻撃を受けたときには早期に気づいて復旧する必要があります。Webサイトが改ざんされた場合、その影響範囲が広くなります。そのWebサイトにアクセスしている人が多ければ、それだけ被害が出ている可能性があります。単純にバックアップから戻すだけでは同じような被害が繰り返される可能性があるため、専門家による調査が入るかもしれません。

しかも、特定の組織からのアクセスのみ何らかの動作をするようなプログラムになっていた場合は、誰に影響があるのか調査することも困難なものです。

そこで、利用者として、早期の復旧に協力しましょう。例えば、そのサーバーに定期的にファイルをアップロードしているのであれば、**いつまでは正常に使えていたのか、異常だと感じたあとでファイルをアップロードしてしまったのか、といった内容を報告します。**

これにより、Webサイトの管理者側としても被害の影響範囲の特定や謝罪対応などを実施できる可能性があります。

さらに強固にするワザ

デザインや動作の変化に気づくためにも、普段から作業の記録を残しておきます。これが証拠になる可能性もあるため、マニュアルなどの文書として記録しておきます。

ウイルスに感染していると表示された

サポート詐欺の手口を把握

Windowsセキュリティセンター

このＰＣによるアクセスは
ブロックされています

サポートに連絡する
050-XXXX-XXXX

取引先について
検索していたら
こんな画面が表示
されたんです

ウイルスに感染した
かもしれないので
ネットワークを
切断してください

検索してた
だけなのに……

このサポートに
電話すれば
いいのかな?

検索していたら
こんな画面が
表示されたん
ですけど……

そうですか
状況を確認するので
お伝えするアプリを
入れてください

このアプリ
かな?

インストール

カチッ

チェックがついたら要注意

- □ ウイルス感染の警告が出たら画面の表示に従っている
- □ サポートダイヤルが表示されたらその連絡先に電話している
- □ メールやSMSが届くと不安になってしまう

基本知識を身につけよう

警告文や音でダマす「偽警告」

ウイルスに感染したような画面が表示されたため、画面の指示に従ってアプリをインストールした事例です。感染したように見えた画面そのものが偽物で、サポートダイヤルも偽物であったものです。

パソコンの画面に「ウイルスに感染しています。すぐにスキャンしてください」といったメッセージが表示されると、多くの人は不安になります。パソコンやスマートフォンに詳しい人であれば、その文面を見て明らかに怪しいと判断できたとしても、操作に慣れていない人の場合は本物の警告だと勘違いしてしまいます。

これは「偽警告」と呼ばれ、感染したマルウェアを除去するためのソフトウェアをダウンロードさせようとする手法です。実際にはマルウェアに感染していないにもかかわらず、除去しようとしてダウンロードしたソフトウェアがマルウェアであるものです。つまり、偽のメッセージに従ってしまったために本物のウイルスに感染してしまったのです。

信頼できる会社を装う「サポート詐欺」

ソフトウェアをダウンロードさせるのではなく、**マイクロソフト社などの信頼できる会社を装って、そのサポート窓口への問い合わせを求める画面を表示する手法を「サポート詐欺」といいます。**具体的には、「セキュリティ上の理由でブロックされています」などのメッセージが表示され、その問題を解決するために担当者と電話できる旨を表示します。この画面には電話番号が書かれていますが、それは偽の連絡先です。

この連絡先に電話すると親切に教えてくれますが、メッセージを消すために、コンビニなどで売られているプリペイドカードを買わされる、といった被害が発生します。さらに、遠隔操作ソフトのインストールを勧められたり、サポート契約を持ちかけられたりします。

契約画面でダマす「ワンクリック詐欺」

アダルトサイトを閲覧していて、料金の支払いを求められる例もあります。**年齢確認の画面が表示され、それをクリックしただけで契約が成立したと見せかけるもので、「ワンクリック詐欺」とも呼ばれています。**利用者はクリックしてしまったために契約が成立したと感じてしまい、電子メールやSMSを受信すると代金を支払ってしまうものです。

解決策

画面の表示には従わない

偽警告やサポート詐欺のメッセージが表示された場合は落ち着いて対応することが求められます。残り時間が表示されてカウントダウンが始まると慌ててしまいがちですが、**どのようなことがあっても、画面に表示されているソフトウェアをダウンロードしたり、サポート先の電話番号などに連絡したりしてはいけません。**

Webサイトを閲覧していて、このようなメッセージが表示された場合にはWebブラウザを終了することが基本です。パソコンではWebブラウザの「×」ボタンを押せるのであれば、押すだけで終了できるかもしれません。もし「×」ボタンが表示されていなければ、キーボードの「Alt」キーを押しながら「F4」キーを押すことで終了できることが多いものです。

スマートフォンの場合は、ホームボタンを押すことでホーム画面に戻ることはできます。そして、問題があるソフトがWebブラウザであることがわかれば、そのタブを冷静に閉じましょう。

場合によっては、Webブラウザの通知を許可してしまったために、Webブラウザを終了しても再度表示されてしまうこともあるでしょう。こういった場合は、通知の許可設定などを見直します。

再発を防ぐ

このような警告が表示されることは気分がよいものではありません。可能であれば表示しないようにしたいものです。しかし、それがWebサイトであれば、そういったサイトにアクセスしないこと以外、利用者にできる対策はありません。

表示された場合には速やかにWebブラウザを閉じて、二度とそのサイトにアクセスしないようにします。また、オフィスで閲覧しているのであれば、周囲の人に声を掛けて、そのサイトにはアクセスしないように啓蒙できるとよいでしょう。

さらに強固にするワザ

偽の警告ではなく、実際にマルウェアに感染していて、一般の利用者では復旧できない場合もあります。「ランサムウェア」と呼ばれるマルウェアなどが代表的な例で、身代金を支払うように要求されます。こういった攻撃にも代金を支払わないという姿勢が重要です。そのためにも、普段からバックアップを取得しておきましょう。

Skill Up Quiz ⑥

Q1 翻訳サイトを使用するときの注意点として正しいものはどれですか？

①翻訳された文章はAIによって作成されたものであるため正確である

②翻訳サイトはAIが変換しているが、個人情報を入力してはいけない

③翻訳された文章の著作権は放棄されているため自由に使える

④英語から日本語に翻訳した文章を英語に翻訳すると元の文章と一致する

Q2 公衆無線LANを使用するときの行動として正しいものはどれですか？

①接続するためのパスワードは使用後に毎回変更される

②最新のWindows Updateを適用していれば自由に使って問題ない

③通信速度が低下するため、ウイルス対策ソフトを終了しておく

④検索サイトで情報を検索する程度にとどめ、個人情報は入力しない

Q3 ハードディスクを廃棄する前に実施する行動として正しいものはどれですか？

①Windowsのゴミ箱を空にする

②ファームウェアをアップデートする

③ハードディスクに接続しているケーブルを切る

④ハードディスクそのものを物理的に破壊する

Q4 パソコンでWebサイトを閲覧しているときに、
サポートダイヤルが表示される原因として考えられるものはどれですか？

①パソコンに搭載されているカメラが撮影した映像により、
利用者が困っているとAIが判断しているため

②パソコンのメモリが不足しているため

③該当のWebサイトが書き換えられているため

④Webブラウザの新しいバージョンが登場しているため

Q1 ②　Q2 ④　Q3 ④　Q4 ③

あとがき

「常に」「全員」が高い意識を持つ

本書を読んだ方の中には、「そんな問題がある行動をする人はいないだろう」という感想を持つ人がいるかもしれません。しかし、本書の漫画は、実際に発生したセキュリティ事故をモデルにしています。

そして、その多くは「自分は大丈夫」「うちの会社に限ってそんなことは起きない」という根拠のない自信が背景にあります。そして、実際に事件が起きてから、情報セキュリティ上のリスクがあることを理解できていない人が社内にいることに気づくのです。

情報セキュリティはよく城壁にたとえられます。たとえ高い壁で守られていても、一箇所でも弱いところがあると、そこから情報漏えいなどの事件が起きてしまいます。

つまり、**知識の少ない人が1人でもいたり、「今回だけは大丈夫」というように意識の低い人がいたりすると、本書で紹介したような事案が発生してしまう**のです。

このため、「自分は大丈夫」と考えるのではなく、「新入社員だったら」「高齢の社員だったら」「ITリテラシーの低い社員だったら」と想像し、「常に」「全員が」高い意識を持って業務に取り組むように、より多くの人に知らせていくことが大切です。

定期的に訓練を実施しよう

このような意識を高めるには、訓練の実施が有効です。地震や火事に備えて、避難訓練を実施するように、情報セキュリティについても定期的に訓練を実施しましょう。「訓練」という言葉が大袈裟だと感じる場合は、頭の中でシミュレーションするだけでも構いません。

例えば、自分が実務担当者であれば、実際にフィッシング詐欺のメールが届いたらどうすればいいのか、もしパスワードを入力してしまったらどうすればいいのか、メールを誤送信してしまったらどうすればいいのか、といったことを考えるのです。

自分が管理者であれば、部下からの報告を受けて、その対応を指示するとともに、恒久的な対策を考えなければなりません。また、上司に速やかに報告するとともに、社外への情報発信も必要かもしれません。技術的な知識を知っておくだけでなく、こういった事例が発生することを想定し、その対応を訓練しておくのです。

多くの企業では、1年に1回ほど、情報セキュリティについての教育が実施されています。プライバシーマークを取得している企業で、年1回の教育を行うことが定められているからです。このときに合わせて訓練を実施してもよいでしょう。

報告しやすい雰囲気を作ろう

何らかの事案が発生したときに、部下から報告しやすい雰囲気を作っておくことも大切です。頭ごなしに叱ってしまうと、部下が萎縮し、次回以降は報告を避ける事態になりかねません。

標的型攻撃の例でも解説したように、一般の利用者が高度な攻撃に気づくのは難しいものです。そして、十分な知識を持つ人でも、不注意によって何らかの事案を起こしてしまうかもしれません。

このため、何らかの事案が自分の身の回りでも起きることを前提として、事案が発生したときには速やかに対応して、被害を最小限に抑えることが大切なのです。

すべてのリスクを完全に排除するのではなく、リスクを減らす、リスクの影響を最小限にすることも情報セキュリティでは重要な考え方です。**つまり、情報漏えいをゼロにすることを目指すのではなく、発生したときに速やかに対応できるように、報告しやすい雰囲気を作ることを心がけましょう。**

最終的には「人」

本書では、技術的な背景やその対策について解説した部分もありますが、それだけではどうやっても防ぐことができない部分があります。CASE21で資料の紛失について解説したように、技術的な対策が現実的に不可能なものもあります。

そして、技術的な対策が可能な部分を含めて、最終的には「人」の意識だと感じています。世の中には多くのツールがあり、新しい技術が次から次へと登場しますが、それをどれだけ導入しても、「人」が使いこなせないとセキュリティ上の問題が発生します。

本書を読んだ皆様が少しでも情報セキュリティについての意識を高め、それを周囲の人と共有することで、情報漏えいなどの事件の発生を少しでも抑えられれば嬉しいです。

2023年4月　増井敏克

本書内容に関するお問い合わせについて

このたびは翔泳社の書籍をお買い上げいただき､誠にありがとうございます。弊社では、読者の皆様からのお問い合わせに適切に対応させていただくため、以下のガイドラインへのご協力をお願いいたしております。下記項目をお読みいただき、手順に従ってお問い合わせください。

・ご質問される前に

弊社 Web サイトの「正誤表」をご参照ください。これまでに判明した正誤や追加情報を掲載しています。

正誤表　https://www.shoeisha.co.jp/book/errata/

・ご質問方法

弊社 Web サイトの「刊行物 Q&A」をご利用ください。

刊行物Q&A　https://www.shoeisha.co.jp/book/qa/

インターネットをご利用でない場合は、FAX または郵便にて、下記“翔泳社 愛読者サービスセンター”までお問い合わせください。

電話でのご質問は、お受けしておりません。

・回答について

回答は､ご質問いただいた手段によってご返事申し上げます。ご質問の内容によっては、回答に数日ないしはそれ以上の期間を要する場合があります。

・ご質問に際してのご注意

本書の対象を超えるもの、記述個所を特定されないもの、また読者固有の環境に起因するご質問等にはお答えできませんので、あらかじめご了承ください。

・郵便物送付先およびFAX番号

送付先住所　〒160-0006　東京都新宿区舟町５
ＦＡＸ番号　03-5362-3818
宛　　　先　(株)翔泳社 愛読者サービスセンター

索引

▶ 英数字

▶ あ行

▶ か行

▶ さ行

▶ た行

▶ な行

▶ は行

▶ ま行

▶ や行～わ行

増井 敏克

Toshikatsu Masui

増井技術士事務所 代表
技術士（情報工学部門）

1979年奈良県生まれ。大阪府立大学大学院修了。テクニカルエンジニア（ネットワーク、情報セキュリティ）、その他情報処理技術者試験にも多数合格。また、ビジネス数学検定1級に合格し、公益財団法人日本数学検定協会認定トレーナーとして活動。「ビジネス」×「数学」×「IT」を組み合わせ、コンピュータを「正しく」「効率よく」使うためのスキルアップ支援や、各種ソフトウェアの開発を行っている。
著書に『図解まるわかり セキュリティのしくみ』、『図解まるわかり プログラミングのしくみ』、『図解まるわかり データサイエンスのしくみ』、『IT用語図鑑』、『「技術書」の読書術』『プログラマ脳を鍛える数学パズル』（以上、翔泳社）、『基礎からのWeb開発リテラシー』（技術評論社）、『プログラミング言語図鑑』（ソシム）、『Excelで学び直す数学』（C&R研究所）、『RとPythonで学ぶ統計学入門』（オーム社）などがある。

装丁・本文デザイン／DTP　八木麻祐子・さかがわまな（Isshiki）
装丁・本文漫画　マスハタ

どうしてこうなった？
セキュリティの笑えないミスとその対策51

ちょっとした手違いや知識不足が招いた事故から学ぶIT（アイティ）リテラシー

2023年5月24日　初版第1刷発行

著者　増井（ますい） 敏克（としかつ）
発行人　佐々木 幹夫
発行所　株式会社 翔泳社（https://www.shoeisha.co.jp）
印刷・製本　株式会社 ワコープラネット

本書へのお問い合わせについては、232ページに記載の内容をお読みください。
落丁・乱丁はお取り替えいたします。03-5362-3705までご連絡ください。
ISBN 978-4-7981-8026-7　Printed in Japan